JN194950

道路トンネルの監視制御システム

日本坂トンネル火災事故から40年の検討

イトーコー技術事務所　伊藤　功 著

電気書院

前書き

いま、そこにある危機

何年前か、トムクランシーの小説のタイトル"いま、そこにある危機"に感心した。私がずうっと思い抱き続けてきた心境をよく表した表現であった。

リスクとか災害とか、その言葉はよくわかっていても日常生活ではつい忘れる。

1000年に一度の大震災、いつ発生してもおかしくないマグニチュード7レベルの首都圏直下型地震。近年、頻発する異常降雨による災害。風水害の事例は、昭和22年のカスリーン台風以来、少なかったものだ。

それに対し、病気や交通事故、これらはもっと身近である。交通事故、だれもが自分が事故に遭うとは思わない。また望んでいない。しかし、その発生頻度は大きい。

私の仕事は、道路交通分野でのシステム作りであった。道路のシステムとは、道路管理者が安全確保のために様々な取り組み行うが、その作業を支えるものである。様々なセンサや機器で道路を監視し、何かあったらドライバへの情報提供や安全対策に対処する機器装置を制御するものである。

その中で、私の心配事はトンネル内の火災事故である。たまたま、この火災事故が最初の仕事になったこともあり、1979年（日本坂トンネル火災事故）より、常に心のどこかでささやいている。"いま、そこにある危機"大型車の火災がトンネル内で発生したらどうするか？

1999年3月と5月、そして2001年のトンネル火災事故で多くの人が犠牲になった。欧州のアルプストンネルでの火災事故である。そこでわかったことは、大型車の火災事故では、事故発生後10分が重要であり、事故現場からその時間内に避難できないと命はないということであった。

この事実に対し、いろいろと検討してきたが、大型車を含む火災事故発生時、道路管理者ができることは極めて限られるというのが現実であり、いつも悶々としてきた。

しかし、つい最近、そのリスクを大きく低減できる姿が見えてきた。この本を書く気になった。

40年間、常に関心を持ち続けてきたことのメモである。高度な数式もなければ、専門能力も必要としない。しかし、だれが運用し非常時には何が求められるか、システム的にはどのようなことが可能かと常に問いかけてきた。

具体的な事例を中心に課題や対応策を紹介していきたい。できる限りわかりやすくし、もっと専門的にという方には、文献や本を紹介していきたい。

目　次

前書き

第１章　事故事例に学ぶ

第２章　システム設計とシステム構築

第３章　今後の展望

参考資料

＊＊＊　つぶやき　＊＊＊

第１章　事故事例に学ぶ

道路トンネル、山国の日本でその数は非常に多い。くねくねと峠を登り、隣の町まで出かけることは、すっかりと無くなった。高速道路に続き、一般道でもトンネルが掘られ、山を越えることが（通過）できるようになった。夏は涼しく、風や雨の影響もない。雪国では、冬、トンネルに入ると滑る恐れがなくホッとする。トンネル内の環境条件は、トンネル外に比して格段に安定しており、実際に事故も少ない。走りやすく、ついスピードも出る。

しかし、めったにないが事故は起きる。特に火災事故になるとその発生件数は、ずっと小さい。しかし、発生した時、惨事に至る場合がある。

課題については、過去の事例を学ぶのが一番であろう。日本での事例は、1979 年７月に発生した日本坂トンネル火災事故である。欧州の事例は、1999 年に発生したモンブラントンネル火災事故をはじめ４つの事例を取り上げる。

1　日本坂トンネル火災事故（1979）と判決

1.1 事故の概要

日本坂トンネル火災事故 [1] は、1979 年（昭和 54 年）７月 11 日の夕刻、発生した。火は、１週間燃え続け、18 日 10：00 に鎮火した。死者は７名であり、167 台の車両が焼失した。

この事故は、大型車の火災事故である。死者の７名は、ほとんど追突事故の際に亡くなられたものと思われ、大きな惨事にもかかわらず、交通事故関係者以外の死者は出ていない。トンネル内に滞留した車は、火点から 100m程後退し離れたものの、延焼した。

事故の経緯としては、

・6：37：30　追突事故（乗用車Ｃ出火）

・6：39：30　乗用車Ｄ燃料タンク内のガソリンに引火

　　大型車Ｂの燃料に引火。大きく炎上。前方Ａ、後方Ｅ、Ｆに引火

　　可燃性のポリエチレン、ドラム缶 50 本の松脂に引火

・7：２分ないし４分　　爆発的に炎上

　　このため、800 度Ｃ、1,000 度Ｃの高温となる

・12 日午前４時に、166 台目に引火

というものであった。

この事故に際し、管制室の対応、コントロール室の対応、さらに東坑口付近での対応について、裁判判決文より抜粋したものを以下に示す。

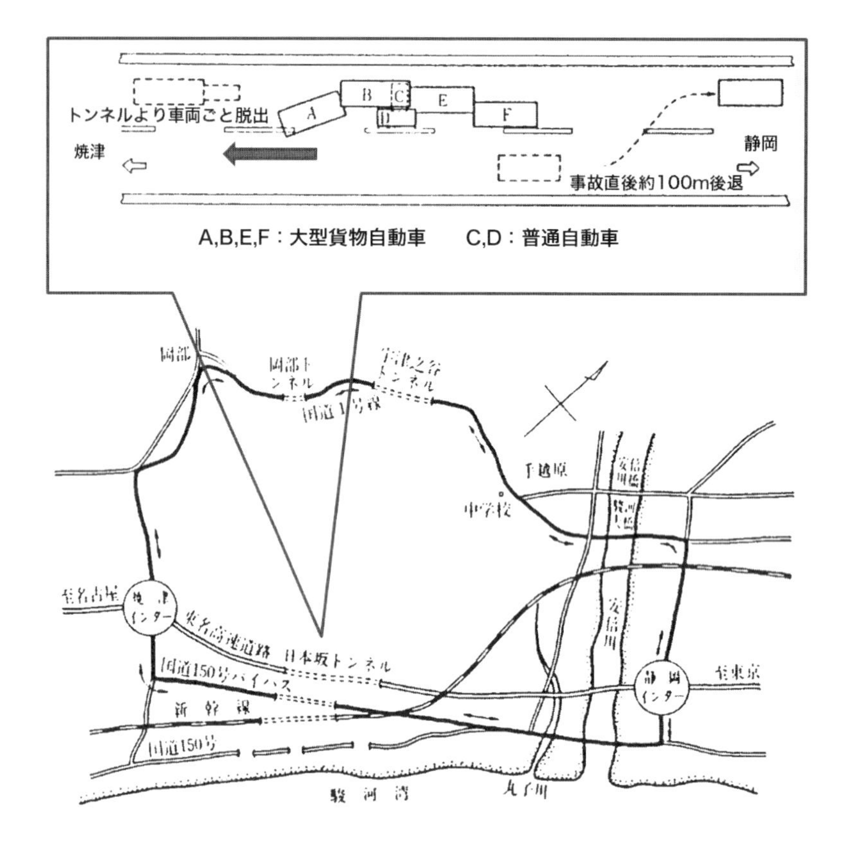

図 1.1 日本坂トンネル火災事故

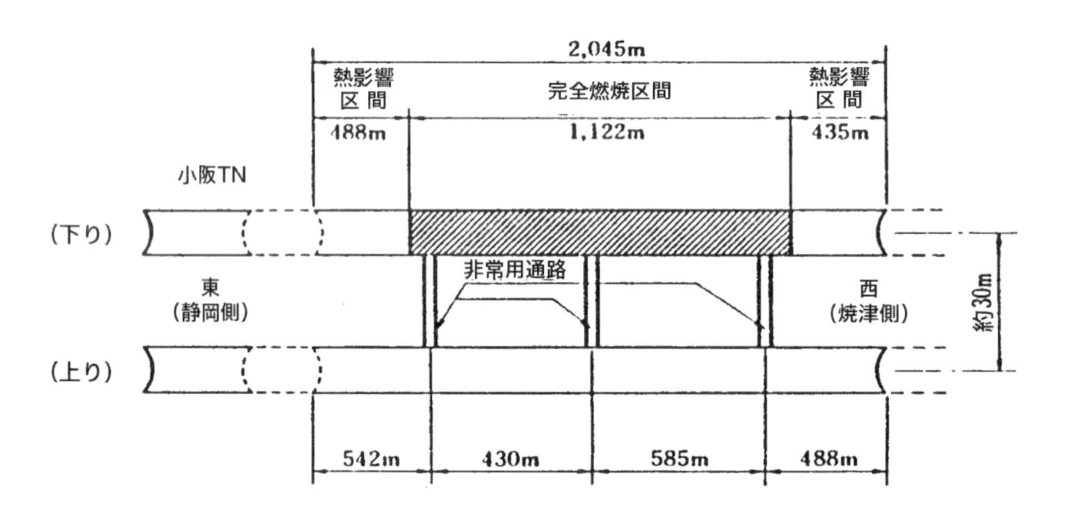

図 1.2 日本坂トンネル被害個所

（管制室の対応）

・6:39　非常電話にて通報を受け管理室に転送

・6:40　通行者から非常電話を受信

・6:43　渋滞の問合せを受信

・6:45　事故のため通れない旨、通報を受け管理室に転送

・6:46　渋滞の問合せを受ける

・6:49　事故の通報を受信

・6:50　炎上の電話。管理室に転送

・6:53　トンネル内の煙ひどく、人を誘導

・6:56　警察官より 3 台燃えていると通報。静岡警察に転送

・6:59　消防車到着　坑口 400m に事故車があるらしい旨、通報

下記は緊急通信処理表の内容

・6:39　静岡消防に出動依頼

・6:50　静岡消防に消防車の出動状況を問合せ（1 台が本線、2 台が側道を通り現場に向かう旨回答）

・6:51　消防車 1 台が本線に流入

・6:56　焼津消防に出動依頼（裁判所は、7:18 が正しい時刻と修正）

・7:15　焼津料金所から消防車流入

・7:27　本線に流入

(コントロール室の対応)

・6:39:30　火災検知器　検知

ITV にて現場の確認（7 番→8 番→9 番 ITV、40 秒のロス）

進入禁止　火災発生　表示

管制室の通報

ポンプ鎖錠解（ポンプ起動）

水噴霧鎖錠解（放水開始）

・6:43　換気を逆転（排煙）

・6:50　コントロール室係員が西換気塔に向け出発

・7:02 または 04　故障表示（軽故障→重故障）　ITV モニタ画像も消える

・7:15 頃　西換気塔に到着。ポンプ運転灯が消えていたため手動運転するが変化無

・7:45 頃　東換気塔　ポンプの再起動

（東坑口付近での対応）

・6:42　交通管理隊　火災現場へ出動

トンネル530mに進入。車両混雑のため停車、天井板に白い煙が流れていたため避難誘導

・6:53　管制室に連絡後、車のマイクで避難誘導

・6:59　消防車到着、ガスマスク必要の旨管制室へ連絡

・7:16　避難のため方向転換　煙が濃く、運転不能　避難　その旨管制室へ連絡　照明の基本灯消える

表1.1 日本坂トンネル防災設備一覧（事故当時）

機器名			設置個所		設置間隔	設置位置
			上り線	下り線		
通報設備	火災検知器		338個	344個	12m	両壁面
	手動通報機		41個	42個	48m	追越側壁面
	非常電話		12個	12個	200m	走行側壁面
警報設備トンネル情報板			1面	1面		トンネル坑口手前
消火設備	消火器		82本	84本	48m	追越側壁面
	消火栓		41個	42個	48m	追越側壁面
	給水栓		2個	2個		トンネル出入坑口
その他設備	避難設備		3か所		約500m	上下線の連絡抗
	誘導設備		3灯	3灯	約500m	連絡坑口に設置
	水噴霧設備	スプレーヘッド	1,004個	1,024個	4m	両壁面ボード部
		自動弁	56台	57台	36m	追越側壁面
	監視用CCTV		11台	11台	約200m	追越側壁面

1.2　判決文とその補足

（1）判決文

事故発生から12年後の裁判での判断[(2)]は、次のようなものであった。

a 消防署に対する情報提供の不足および遅延

b 水噴霧装置の作動開始の遅延及び事故原因者又は通行者による初期消火手段の不存在ないしは機能の不完全

c 後続車両の運転者に対する情報提供の不十分及び遅延並びに警告力の不十分

そして、この説明として、

法令及び行政上のトンネルの設置基準並びに被告の暫定基準、被告の標準仕様書及び被告の設置要領所定のトンネル安全体制を下回るに至っていた。

様々な防災設備及びそれを監視する機器並びに人間の行為が一体となってトンネルの安全体制を構成していたものであるから、その管理及び運用体制も含めて一つの造営物として把握する。

(2) 判決等への補足

① 消防署に対する通報の瑕疵

管制室の運用員は火災の発生を知り、静岡消防署へ通報したが、火点に近い焼津消防署への出動依頼は、火災発生から約39分経過した時であった。

静岡消防署は、トンネル入口から火点まで1,615m、20分後にはトンネルに到着しているが類焼する火災の中でなすすべがなかった。一方、火点に近い焼津消防署が対応しようとしたときはすでに遅かった。

交通流の流れが上流側の静岡消防署に連絡したのは理解できるが、火点に近い焼津消防署への連絡が遅れたのは致命的であった。下流側からの方が火点までの間車がなく、近づきやすい。ただし、小規模な火災、例えば乗用車が煙を出しているというような状況では、片側を強引にすり抜ける車も想定され、下流側からの消防車の進入は危険でもある。今回は大事故の場合であり、その危険は少なくむしろ時間との勝負であった。

② 消火に関する瑕疵

火災を早期に発見し、初期消火の目的を実現するためには、防災設備の一部であり、トンネル内の状況監視のために設置されていたＩＴＶの画像を常時映し出す状態にしておくこと、トンネル内に設置されていた火災検知器が火災を検知して送信する信号に基づいて表示されるグラフィックパネル上の火災の発生場所に対応するカメラに速やかに切り替えること等の機器の運用及び係員の訓練が必要であったにもかかわらず、それが懈怠されていたため本件事故の際にＩＴＶによる火災確認作業が遅れる等した結果、火災の初期の段階での水噴霧装置による放水が遅れ、火災現場における通行者の消火栓による消火活動ができないこととなった。また、消火栓格納部分の扉を開くと消火栓格納部分を覆ってしまうような格納箱の構造も極めて不適切であった。

③ 非常通報に関する瑕疵

トンネル内に火災が発生した時に「進入禁止」「火災」と表示して後続車両の本件トンネル内への進入を阻止するために設置された可変標識板は、日本坂トンネルの東にある小坂トンネルの東坑口からさらに210 メートル東の地点に設置されていた。そのため、この表示は小坂トンネルについてのものと誤解された。後続車両の運転車に対し、日本坂トンネル内において火災が発生したこと及び日本坂トンネルに進入禁止の措置としては用をなさないか又は不適切なものであった。また、前記のＩＴＶの運用上の理由から上記表示も迅速性に欠けていた。さらに、可変標識板にサイレンが設置されていたが本件事故当時吹聴しないようにされたままとなっていた。その代替え措置としてトンネル内に放送設備も設けられていなかったため、運転者に対する警告力は不十分であった。このため、原告らは火災の発生を知らないまま本件トンネル内に進入したものである。

④ トンネルの安全性の有無の判断基準

当該トンネルが設置された当時におけるトンネル安全体制についての技術水準及び技術的実施可能性のみではなく、設置後当該事故時までにおけるトンネル安全体制についての技術水準及び技術的実施可能性をも考慮して判断することを要するものと解すべきであり、トンネルの安全体制を構成する物的設備に関する技術の進歩向上によりこれを改修ないしは更新することによって当該危険の回避がより一層確実に可能となることが明らかであるときには、右改修ないしは更新をすることが必要であるというべきであってそのために当該トンネルの設置者において負担することが必要となる費用あるいはその予算上の制約のあること等によって左右されるものではない。（判決要旨より）

1.3　火災検知に連動した水噴霧制御

裁判の判決が出た 1991 年（平成 3 年）の近代消防の記事に、「トンネルの、水噴霧消火設備は“手動”でよいのか」という章がある。執筆者の記載がないが、「管制室又はコントロール室の係員は、いかに緊急の事態に出会おうとも、全体にその対応・操作を間違えることはないとする『神話』を前提にしているのである。」とまで言っている。これは極論であろう。このような意見があったからか、NEXCO では、火災検知器の動作に水噴霧設備が連動している。(平成 26 年度 7 月　設計要領)

火災検知器は、1979 年から、改善が加えられ、当時よりははるかに誤報は少なくなっていると思うが、センサは万能ではない。水噴霧が行われると、まったく前が見えなくなる。事故を誘発する可能性がある。

建築物の火災検知器と水噴霧装置の考え方をそのまま、高速道路の火災に適用するのは無理がある。誤報が多いセンサであるという認識故、現場確認の後制御するのは妥当である。

注記

判決文では ITV（Industrial Television）と呼んでいるが、現在は CCTV（Closed Circuit Television）が使われており、本章以降は CCTV の用語を使う。

参考文献：

（1）窪津義弘　他：日本坂トンネル車両火災事故とその復旧　高速道路と自動車 22, No12, p.36(1979)
（2）判決言渡　平成 2 年 3 月 13 日

2　日本坂トンネル火災事故後（1979〜1980）の検討

時間を前後して（事故発生から12年後の判決文をもとに）概要と課題を述べたが、事故発生から1か月後の理解もほぼ同じようなものであった。

ただし、火災検知器が検知してから、火災を確認し、トンネル入り口警報板の制御や水噴霧制御を行った過程の十分な理解は得られなかった。

・CCTVでの現場確認がなぜ遅れたか？

・水噴霧制御等監視制御プロセスがよく分からない。

そこで、国内外の文献を調べ、当時のシステムがどのようなものであるか調べた。その内容と事故情報から分かったことは、

a 設備の監視制御の在り方は、いわゆる遠方監視制御システムであり、コンピュータを導入するまでには至っていないものがほとんどであった。

b トンネル非常用設備は、他の多くのトンネル内設備の監視制御の一項目であり、“非常時の運用を支えるシステム”という視点はなかった。

c 調査文献の中に、当年（1979年）の3月に発生した米国のスリーマイル島原子力発電所事故があり、この事故は、情報過多による運用員のミスが原因であることも分かった。

d 都市内高速の現場データによると、火災検知の誤報が多いことが分かった。

これらのことから、非常時のシステムの基本とは何か、火災検知器情報の取り扱い、さらには非常時の運用支援の在り方について検討した。

2.1　システムの基本は何か

トンネル火災時には、現場から非常に多くの情報が伝達される。火災検知器（25メートル間隔の設置）、非常通報機、消火器設備や通報設備等の操作情報などである。特に、大きな火災の場合は、その数が非常に多くなる。

一方、遠方監視制御システム[(1)]、それは戦後の電力需要拡大と共に発展してきた電力の発電送電の監視と制御とで培われてきた監視制御システムであり、制御所（親）と被制御所（子）、その間をつなぐ伝送路（通信）からなるものであり、かなり技術的に完成したものであった。ON-OFF制御などの場合には短時間で操作が完了してしまうため、やり直しがきかず重大な結果を招いてしまうこともある。そのための誤りの確認方式がいろいろと考えられており非常に信頼度の高いものになっていた。

逆に、情報量の多さが課題となってきて、“できるだけ端末や中間階層で整理し、自動化し、上位へ伝送する情報量の集約化を図らなければならない。”“故障表示と計測量はそのまとめ方や必要性を再検討して、従来の慣習にとらわれずに思い切った簡略化を図ることが望ましい。”と上記図書の今後の展望[(2)]で述べられている。

遠方監視制御システムの基本は、信頼性が高いことである。現場情報の変化を確実に把握しなければならず、状況変化を見逃してはいけない。同時に、誤った操作をしてはいけない。

日本坂トンネル火災事故の状況で、運用操作の状況はよく分からない。発表されている内容は、"コントロール室の対応"にあるように、6：39：30 から 6：43 の 3 分 30 秒から 4 分間の内容、火災確認から水噴霧までのことである。

実際の運用記録は、現場機器の受信情報とその確認操作記録で多くのコメントが記録されていると思われる。水噴霧の実行も疑問が寄せられていたが、水槽が空であったということから働いたのであろうという推測であった。

CCTV の操作は、時間がかかった。CCTV の切り替えで現場確認がなかなかできない中で、多くの情報が発生していたと思われる。相当に焦りながら対応していたと思われる。この点で、スリーマイル島の情報過多によるミスの話は、非常時における機器操作にとって、重要な話と思われた。

信頼性の高いシステムとは、現場機器、伝送装置、中央装置それらの信頼度のほか、機器制御を行う操作盤の在り方までも含むものである。さらには、その操作作業のアドバイス（支援）の内容まで含むことと理解した。

参考文献

(1) 遠方監視制御システム　小沢・有本編者　電気書院　昭和 55 年　P11

(2) 遠方監視制御システム　小沢・有本編者　電気書院　昭和 55 年　P59

2.2　情報収集系（火災検知器系）の課題

1979 年当時、トンネルで火災を検知するセンサは火災検知器であった。現在（2018 年）は他の方法もある。当時の火災検知器は誤報が多かった。

2.2.1　自動火災検知器

トンネル内車両火災の発生件数に比して、誤報件数は数倍になると推定される。一般家屋や建物では、火災検知器として、煙や熱の検知方式のものが使われているが、トンネル内で、しかも、自動車排ガスが貯留しているような環境では、この様な検知方式の検知器は使用不能である。

トンネル用として、輻射型が用いられている。これには、定輻射型とちらつき型の 2 型式があり、ちらつき型は坑口周辺に主として使用され、坑内は定輻射型が用いられる。また、感度を上げるため併用型が用いられる場合もある。この輻射型検知器は、赤外線フィルターを通して光半導体で火災から発生する赤外線を検知する方式のもので、種々の制約がある。たとえば、太陽光、パトカー等の車輌の天蓋に取りつけた回転灯、前照灯、坑内のナトリウム灯光などにより誤検知する場合がある。そのため、種々の対応策が検知器に施されている。この対応策の結果、火災検知遅れが火災制御上大きな問題点であるが、解決案は無いように思われる。しかも、火災検知器の赤外線フィルターは坑内に設置されるため、月 1 回定期点検作業で清掃されるものの、検知能力を低下させていく場合が多いようである。(1m^{2}の火皿のガソリン火災の検知に 30 秒から 60 秒かかる場合がある)

図 1.3 に誤報要因樹を示す。

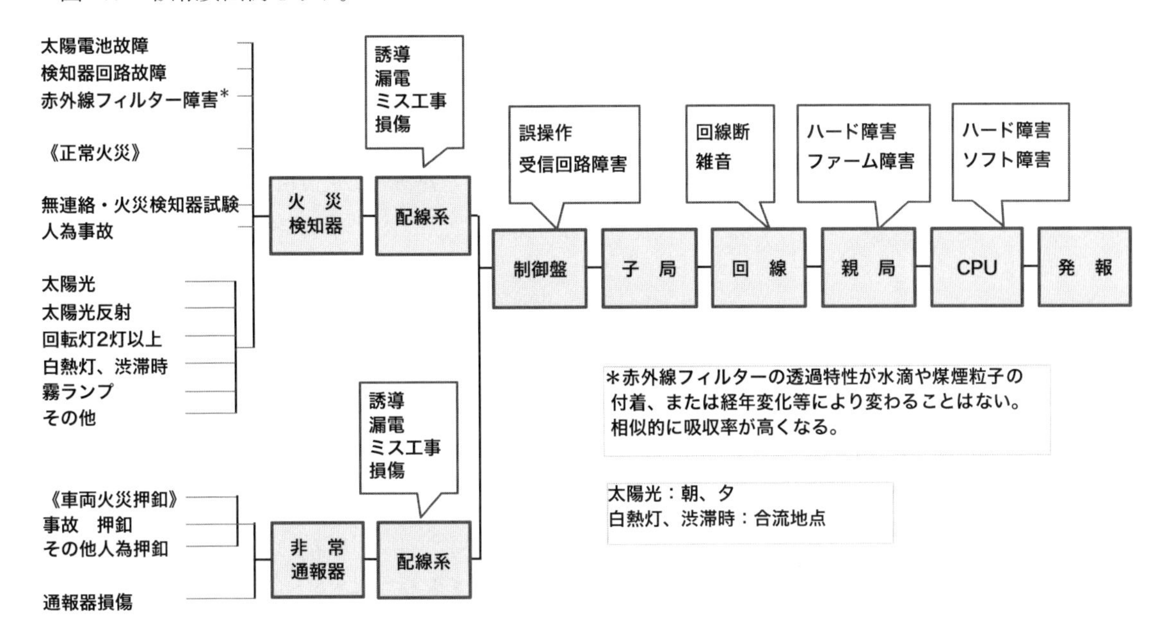

図 1.3　誤報発生原因樹

表 1.2　誤報の原因

原　因	原因割合%
周囲条件によるもの	26
機械的、電気的故障、障害	46
伝送系の故障、障害	17
その他	11

安全・防災システムと計画、今出重夫、東京電機大学出版局　S50,P125

これは、H.Lack:Economics of Fire Protection with Detectors, Fire Technology Feb.1973 からの引用である。これは、英国消防庁が解析した例で、ビル防災用検知器を対象としていると思われるが、トンネル防災に対しても傾向は当てはまると思われる。また、非常通報器の誤報もかなり高く、対策が必要か、とも考えられるが、本システムでは行わない。

故障も、火災検知器の誤報要因の１つである。図1.4にその原因対策案を示す。

図1.3にも示したように、伝送系からの誤報混入もかなり高い確率で発生する、と推定される。受信盤（又は制御盤）から中央の間の伝送系では、誤り検出の方法が実施され（CRC、パリティ検定、反転照合、ACKNAK方式等）、誤り検出が可能である。受信盤から火災検知器までは、長い場合で１㎞にも及ぶ場合があり、自動車から発信される電波の影響もあり、雑音を拾いやすいと考えられる。それに対して、有効な対応策は無いようである。

このため、誤報、誤検知の対策としては、可能な限り情報を集め、それらを統合的に集めて火災と判断する方法しかないようである。当時検討した内容は、火災検知をしたあと、火災復旧信号で検知信号を一度リセットし、さらに検知したときには真の火災とする方式である。

表1.3　障害の原因と対策

<table>
<tr><th>原因</th><th>障害の傾向</th><th>対策（ソフト上）</th></tr>
<tr><td>制御盤から CPU までの原因</td><td>特定の検知器のみが誤報になるような現象はない。ハード的に保護検出の機能がある。</td><td>表示渋滞検出</td></tr>
<tr><td>検知器から防災制御盤までの間</td><td>回路素子の誤操作、誘導、CB による誘電、自動車エンジンによる誘電等のノイズ源が考えられる。障害による信号出力波形は、短パルス的なものが多いと推定される。</td><td rowspan="2">一過性のものついては、火災復旧によりリセットして、再度検知することを確認して真の検知とする。</td></tr>
<tr><td rowspan="2">火災検知器</td><td>太陽光、ヘッドライト、回転灯等の光源に対してフィルターをかけているが、フィルター特性からすべての場合について誤感知を防止できない。</td></tr>
<tr><td>火災検知器そのものの故障も考えられる。</td><td>検知器試験を行う</td></tr>
</table>

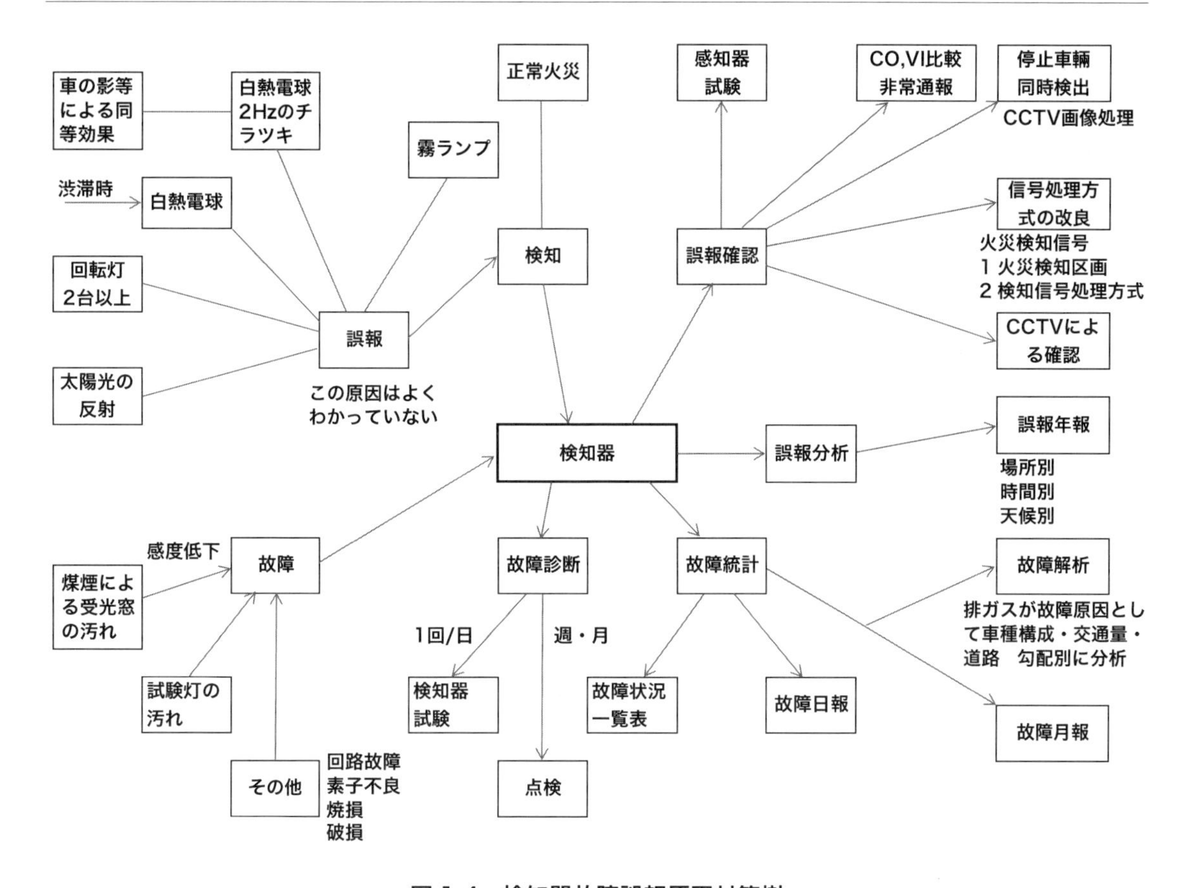

図 1.4　検知器故障誤報原因対策樹

火災検知については、火災検知信号の AND を取って真の火災検知とするが、このほかに、図 1.4 に示すように、CO 濃度値、VI 値、CCTV モニタ画などの情報とも関連させて、真の火災の確認を行う。しかしながら、火災発生位置の同定には、火災検知器が現時点では唯一の手段である。非常通報位置の場合、設置間隔や通報者の位置から火災発生地点と通報位置の間隔が大きい場合が多い。また、CCTV 画像では、距離の測定までは困難である。

火災検知器の故障も、受光窓の汚れによるものが多い、と考えられる。今後、きめ細かい統計分析が必要になると思われる。

2.2.2　検知信号

火災検知信号は、本来は、瞬間継続信号であるが、防災用制御盤でラッチされ、火災復旧信号がくるまで、検知の状態が保持される。図 1.5 に、単独車両火災の場合について覚知から認知までのシーケンスをモデル的に示した。本来の検知信号には 2 つのパターンがある。

・通過型

・定置型

通過型は、検知区画 30m を発火しながら通過する時に検知される信号パターンで、2〜5 秒以内の検知信号であると推定される。しかし、これは、誤検知の場合と区別しがたい、通過車両も最終的に停止する等の理由により、取扱しないものとする。すなわち、誤報と真の火災とを区別するため、検知の後火災復旧信号を送ってリセットし、さらに検知した場合をもって、真の火災を検知した、とする。これにより看過される場合とは、着火しながらトンネル内を走行し、トンネル外に走り出た車両であり、それは検知の対象外とする。

火災検知器の検知状態は、図 1.6 に示したものが考えられる。検知器が故障しても検知信号を発するので、状況によっては、検知器試験を行う場合もある。

子局内の最初の検知信号に対して、火災復旧を送信し、再度検知したものについて、真の火災検知とみなす方式に問題はないが、続いて発生する検知信号に対して、火災復旧でリセットするか、しないかについて、その得失がある。また、火災が継続する場合、鎮火状況を監視するためには、火災復旧を操作せねばならないが、それを定間隔ごとに自動的に行う方式が考えられる。これらについての得失を、表 1.4 に示す。C 方式、すなわち、全ての検知信号に対して火災復旧を実施する、定間隔（5 分）毎に火災復旧を送信することとしたい。

図 1.7 に、火災検知から初期消火までの処理シーケンスのモデルを示す。新規に火災を検知した場合である。

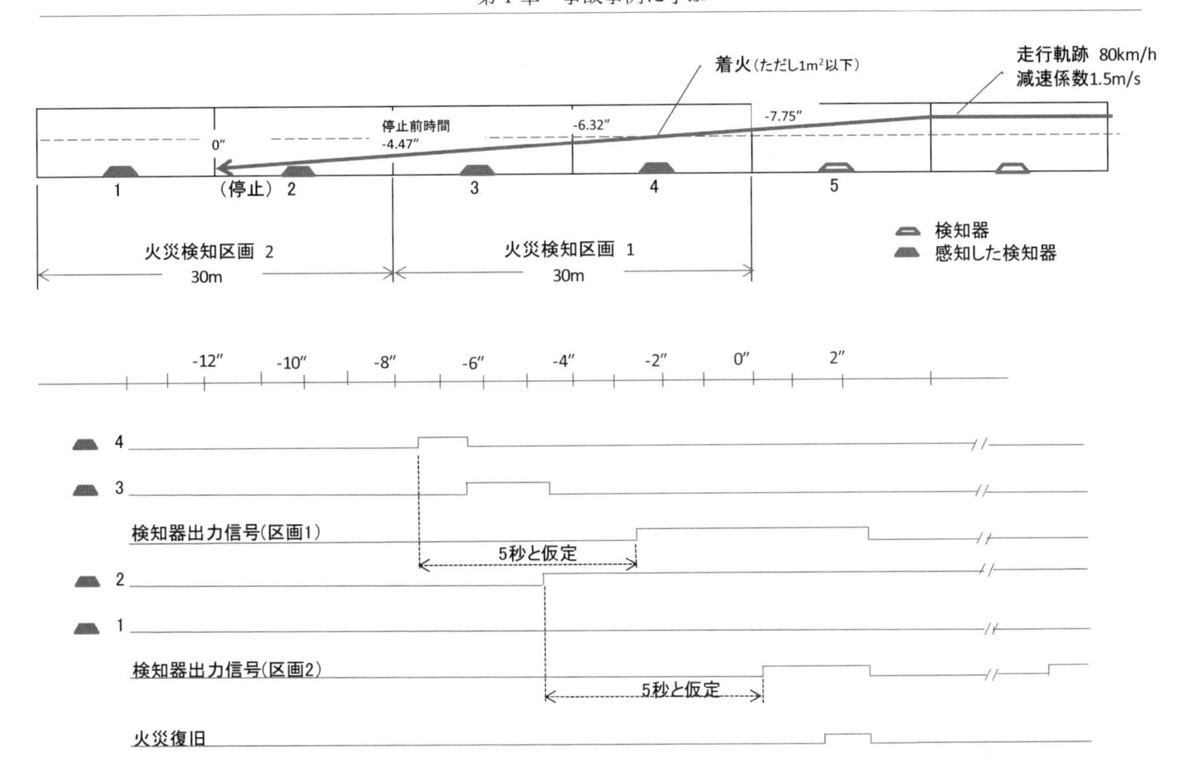

図 1.5　火災検知モデル

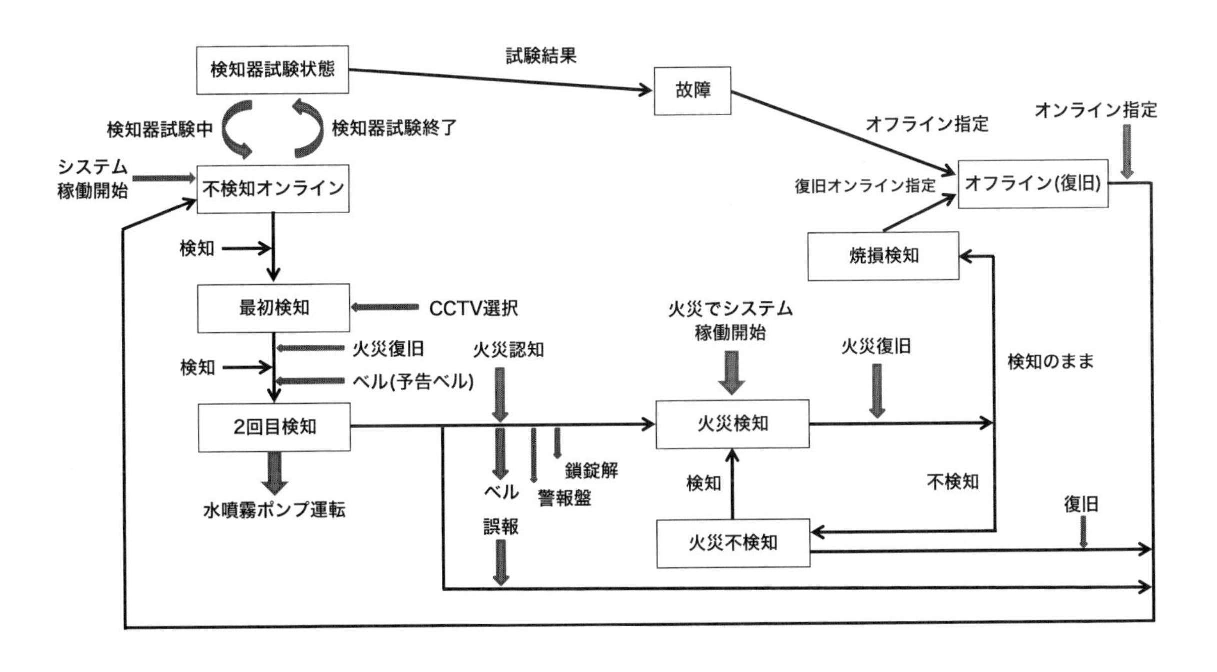

図 1.6　検知器の状態変化

表 1.4　検知信号処理方式の検討

	方　式	火災認知後、5 分*毎に火災復旧を送信し、検知器不検知状況を自動的に監視する。	制御監視に対する影響				備考
			誤報処理	焼損に対する影響	火災拡大状況	鎮火状況	
A	子局毎に火災信号が初めてオンになった時点のみ火災復旧を送信し、検知誤検知の区別を行い、後続の検知区画に対しては何もしない。(一方式)	しない。 （状況把握は、火災復旧を操作することにより行う。）	子局内の 2 番目以降の検知信号については、誤報の確認ができない。（設備操作のための電気信号や炎や煤煙により誤報が高くなると予想される）	手動操作による火災復旧押釦後か、又は復旧時でないと焼損の判定が困難である。	新規検知状況を監視することにより火災拡大状況を知ることができる。ただし、その中に誤検知の情報も混入する危険がある。	手動操作により火災復旧をしないと不検知状況を把握できない。	
B	検知信号毎に、初めて検知したときに火災復旧を送信し、検知誤検知の切り分けを行う。（二方式)	しない。	新規に検知する信号について誤報の確認をその都度行うことができる。 火災認知により検知状態にある検知区画がリセットされることが有る。	同上	同上 ただし、誤検知の混入の可能性は削除される。	同上	
C	二方式	する。	同上	早期に焼損の推定を行うことができる（CCTV 併用により）（ただし、自動識別は困難である）	同上	5 分毎に、不検知状態を推定できる（焼損の場合は推定できない）。	火災認知と復旧、検知と火災復旧とを区別して取り扱う。

＊5 分の根拠：鎮火後 5 分間は余熱のため再発火する危険が残っているが、5 分間放水又は鎮火後検知が無ければ十分鎮火したと解釈しうると仮定した。5 分はパラメータとして設定可変とする。

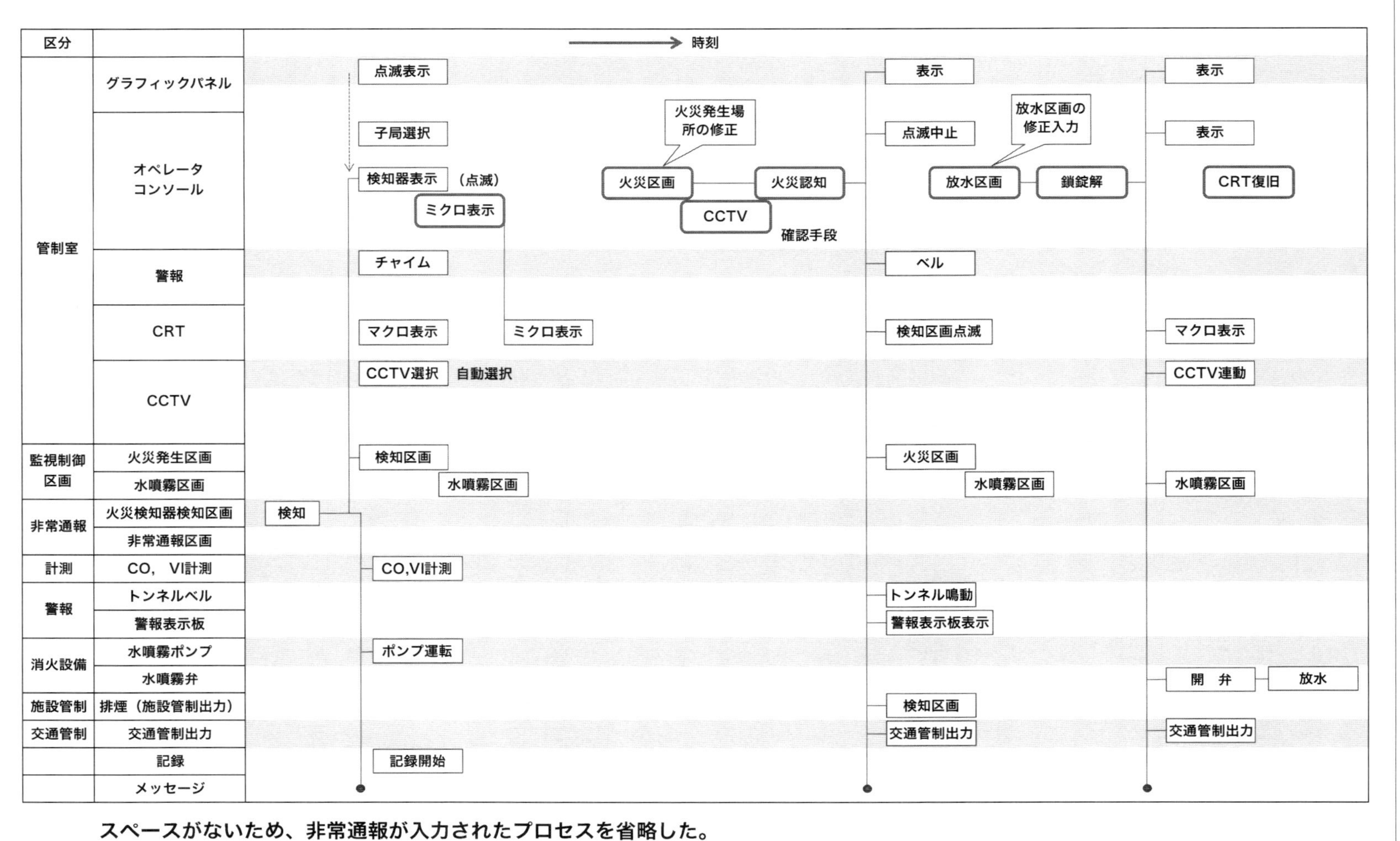

スペースがないため、非常通報が入力されたプロセスを省略した。

図1.7　火災検知器検知処理　処理シーケンス

2.2.3　検知信号処理

ここでは、検知信号処理のうち、次の２点について述べる。

・火災検知器からの生信号の取扱

・火災検知信号の処理待ち行列の取扱

火災検知器の設置方式には、12m の対称形は一方式、12m 千鳥配置方式、15m 片面配置方式など種々の方法がある。何れも共通していることは、検知器装置側の方でかなり回路的に信号処理を行っている点である。マイコンを検知器装置、あるいは受信盤（又は制御盤）内に組み込み、フィルターと検知レベルの自動調整、隣接検知器信号との関連処理を知的に組み合わせることが、今後の開発の対象となると考えられる。特に受光窓の汚れによる検知性能の劣化を自動調整する機能は、火災制御の上からだけでなく、保守の上からも期待されるところである。

フィルター機能とは、パルス性雑音を除こうとする機能で、一定パルス幅以下の信号を雑音として取扱い処理を行う。

検知レベル調整とは、毎日定時に行う検知器試験の際に、受光窓の汚れによる性能劣化を測定し、その結果から検知レベルを自動調整することをいう。試験用白熱球の出力条件が所与であるので、検知出力のレベルを測定すれば、フィルターの劣化を計算することができる。

隣接信号との関連処理とは、現在の検知レベルを下げて検知範囲を広げ、$1m^2$ の火皿の火炎でも、３個以上の検知器が検知して、その多数決原理で、誤差測定を行おうとする内容である。このためには、受信盤のところで一次処理する必要がある。

火災検知信号の処理待ち行列の扱いには、３方式が代表的である。

a 火災検知信号を代表させる信号を作成し、それを処理する方式

b 個々の火災検知信号を処理する方式

c その折衷案

従来からの防災盤制御装置（又は、システム）でも、火災検知信号を代表させる信号（火災信号）を処理する方式と、個々の信号を処理する方式があったと思われる。

トンネルベルや警報表示板のみを制御する場合には、代表させる信号処理方式でよいと思われる。トンネルベルや警報表示板の制御は、上り別、下り別の火災発生場所の識別で可能であると思われるからである。しかし、水噴霧弁の制御には、個々の火災検知信号を処理する方式が必要である。火災検知信号に対して放水すべき水噴霧弁を対応させるためである。問題となるのは、個々の火災検知信号に対し、防災システムの操作員（又は、運転員）が判断する必要があるかという点である。火災により、壁面が損傷を受け、全検知器が一斉に検知状態になったり、水噴霧弁が一斉に開状態になったとき、状態変化の数が多すぎて、防災システムがハングアップ状態になる場合が考えられる。

防災システム設計の点からは、a の方式を採用し、個々の検知情報については、計測情報として取り扱っ

た方がいいと思われる。その理由は次のとおりである。

ア　最初の火災認知に対しては、操作員に警報表示を行うという点から意味がある。火災認知後の火災拡大に対しては、その都度火災認知する必要がない。

イ　操作員の操作負荷を軽減することができる。そのため、火災制御の監視と操作に専念できる。

ウ　防災システム内でも、火災信号の処理待ち行列を小さな容量に設計することができる。特に、強制的に火災検知器をリセット状態にしたり、火災損傷で火災検知器が一斉の検知状態になった時も、待ち行列が長くなることはない。

2.2.4　火災判断支援

管制員に、火災判断しやすい情報提供を行うために、次の機能を本システムは実装することになる。

・検知器情報とその他の情報の関連付け

・時間変化

・トンネル平面表示の移動表示方式

・CCTV の自動選局

・CO、VI の自動監視

(1) 検知情報とその他の情報の関連付け

トンネル平面を、検知区画、非常通報区画、CO 濃度基準値超過区画、VI 基準値以下区画で CRT に重ね表示し、かつ選択中の CCTV と連動させ、通報、熱、ガス、煤煙の 4 要素から火災の真偽判断と的確な火災発生地点の判定に資するものとする。(車両感知器からのオキュパンシー表示を追加すると、さらに判断が容易になる)

(2) 時間変化

CO 濃度、VI 値の時間変化、及び検知区画の時間的拡大状況を表示し、火災徴候の判定、火災規模の判定に資するものとする。

(3) トンネル平面表示の移動表示方式

火災判定に際しては、火災発生地点前後の車輛の避難状況、停止状況を確保する必要がある。また、誤報や非常通報の確認時は、検知区画、あるいは通報区画の前後の検知区画を調べる必要がある。そのため、CRT の操作を行うのであるが、それには、(1) 検知区画をいちいち指定する方法と (2) 簡単な操作で移動表示させる方法が考えられるが、監視区画の移動が連続して行われる、操作が容易である等のメリットがあるので (オペレータコンソール (以下、オペコンと略) 上の釦が増加する、プログラムが複雑になる、等の欠点がある)、(2) の方法も合わせて採用する。また、これに連動させ、CCTV の選択も行うこととする。

(4) CCTV 自動選局

CRT に火災判定用画面を選択表示している時は、その画面に表示している検知区画を視野に含む CCTV を自動選局することとする。ただし、CCTV を自動選局しようとした場合、次の障害が発生しうる。

a 大型車による遠方視画不良

b CCTV 故障（又は、火災による損傷）

c 煤煙による視界不良

このため、予備の CCTV を指定し、バックアップさせることとする。b の場合については、障害を自動検出できるときは自動代替え選局を行うものとする。その他の場合については、CRT に表示し、手動で切り替えるものとする。そのため、オペコンに自動手動のモード切替を行うこととする。

(5) CO, VI の各値の自動監視

発煙のみで、発火しない火災や、検知器故障で検知できない場合のバックアップとして、CO 濃度や VI 値を定時間ごとに自動監視し、警報を出力する。

(6) 誤報の監視時間

誤検知した場合、火災の真偽を確認するため、一定の範囲、空間的に時間的に調査する。その範囲は、次の条件により決まる。

・交通流が円滑に流れている（事故がない）場合

・停止車両があり、何らかの原因で瞬間検知したが、再び不検知になった場合

交通流が円滑に流れている場合、監視区間はトンネル全区間となるが、その時間は、トンネルを通過する時間となる。また、ガソリン火災の場合、1 分～4 分でフラッシュオーバーになる*ので、この時間以内に再び検知しないのであれば、何らかの理由で鎮火したか、誤報であったと判断してよいと思われる。

しかし、この機能のソフト組み込みは、本システムの機能を複雑化し、利点が少ないと思われるので、行わないことにする。

＊ Research in Austria on tunnel fire, 1976.3

2.2.5　非常通報機

非常通報機からは、車両火災・その他緊急事態、の通報が考えられる。また、通報と火災発生地点の関係では、通報区画と火災検知区画が一致しないという問題がある。一般には、通報区画は火災発生地点より上流にあると推定される。これは、後続車両による通報が多いこと、また火災車輛の搭乗者の場合でも、煙が下流に向かう傾向にあるので、上流へ避難する傾向にあるなどによる。

CRT 表示に際しては、非常通報区画から下流の検知区画を最初に表示するように配慮することにする。

非常通報を受けるタイミングについては、次の 3 とおりが考えられる。

a 非常通報があって、検知入力が無い場合

b 非常通報が火災検知器に先行した場合

c 火災認知後に非常通報があった場合

上記 a、b の 2 ケースについての処理シーケンスを図 1.8 から図 1.9 にそれぞれ示す。

非常通報器には、応答ランプ（恵那山トンネルでは付加されている）と、通報者との会話機能をぜひともつける必要がある。まず、通報者に通報が受け付けられたことを示すことができる。また、火災発生地点や火災の内容、負傷者の有無等を通報者から聞くことができる。

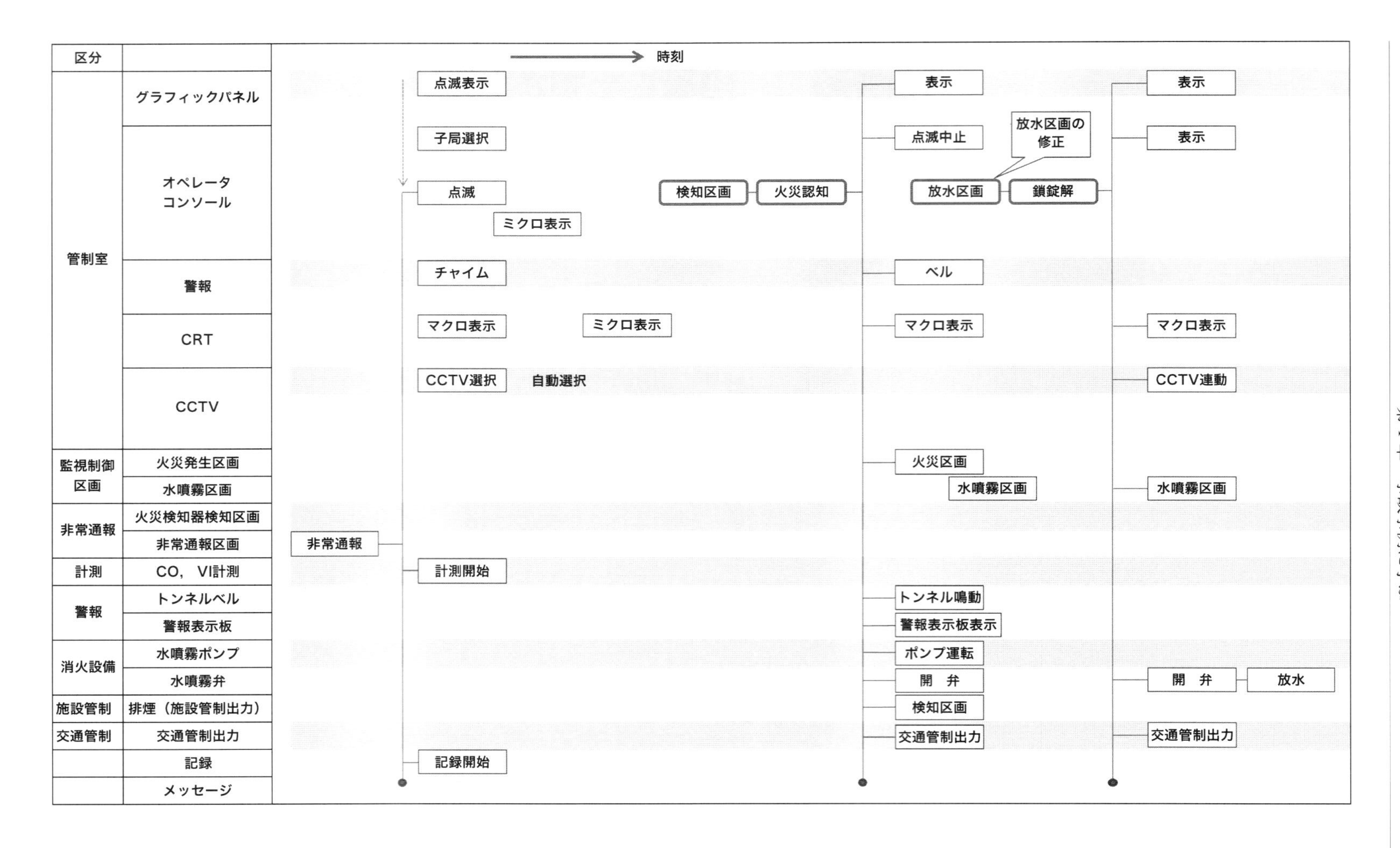

図 1.8　火災認知された火災が未だない時の非常通報処理シーケンス

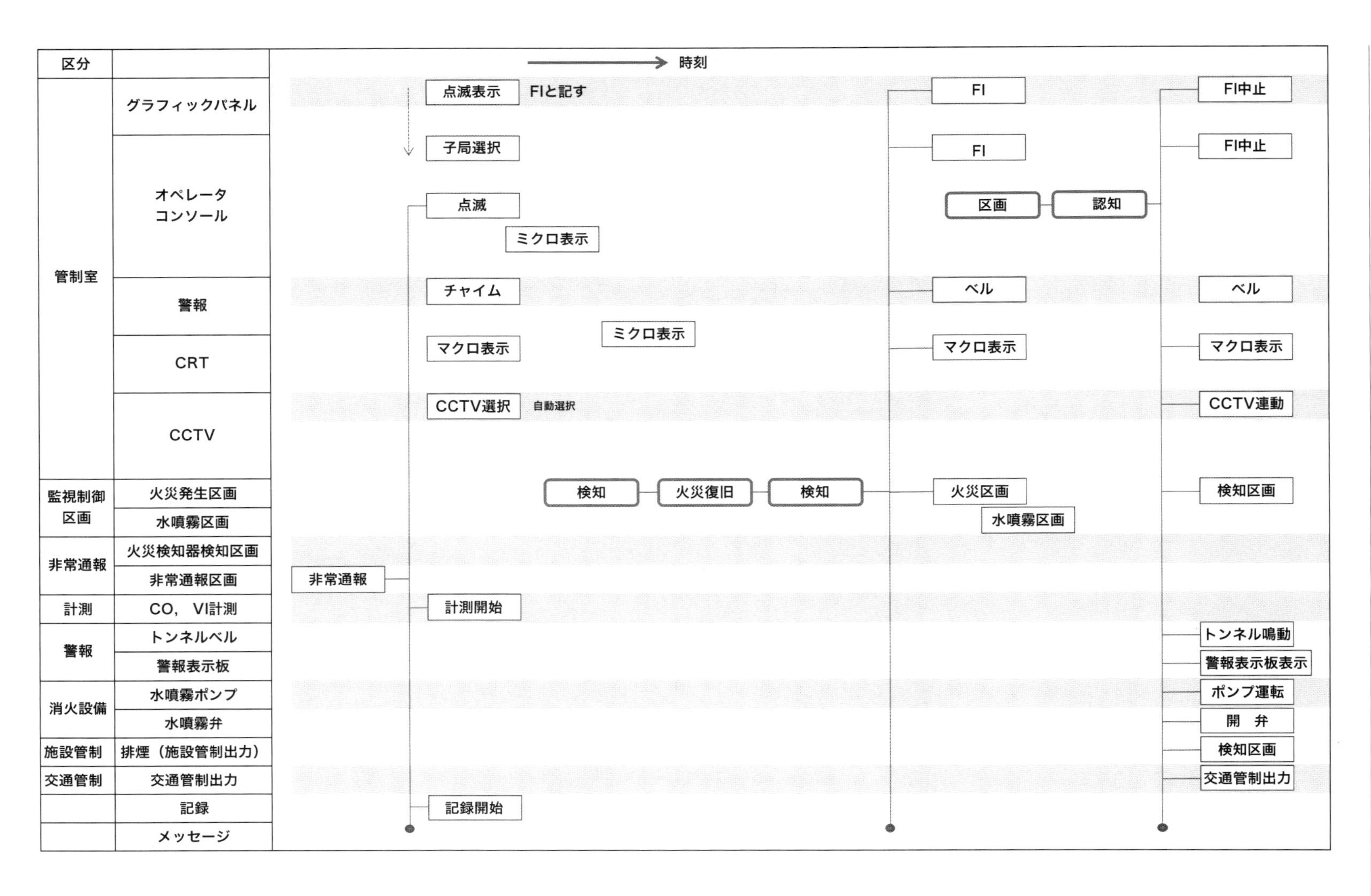

図1.9　非常通報火災認知前に火災検知入力があったとき

2.2.6　非常電話

非常電話の通報者が、当事者である場合と居合わせた人である場合の 2 とおりが考えられる。それぞれの場合についての取扱モデルを想定すると、火災発生から非常電話受付終了までは、2～3 分かかるとみてよさそうである。

非常通報による連絡は、火災の真偽と火災の規模、周辺状況については確度が高いが、次の問題がある。

・通報者が火災地点の位置について正確に連絡できない。

・通報が火災検知器や非常通報に比べて遅い

・非常電話口と火災地点の間が一般には長い（非常通報に比べて）

本システムでは、上記問題に対して、次の処置をとるものとする。

・オペコンからの火災入力とともに、水噴霧ポンプを起動する。

・すでに火災認知ずみの火災があれば、その火災との対応付けを行う。

・通報者の距離表現は、坑口から何m、何分走って、等の形式をもつと考えられる。何分走って、という時間表現は速度に依存して火災を確認すべき区間が大きくなるので、坑口から何 m という形式でオペコン入力するものとし、CRT の防災区画には、坑口からの距離を表示する。

距離の表現精度を高めるためには、里標、又は警報盤をトンネル内に配置して、利用者がその標的を確認することにより、火災位置を精度高く把握できるようにする配慮も検討に値すると思われる。

2.2.7　同一火災の判定

監視デマンドの軽減を図り、火災制御の容易化を図るため、明らかに同一火災からの信号と思われるものに対しては、グルーピングを行う。図 1.10 に、同一火災の検知パターンを示す。同一火災について、検知パターンは次の 3 つになると思われる。

a 走行中着火し、停止に至るまでの一連の検知

b フラッシュオーバーによる検知

c 火災拡大による検知

上記 3 パターンのうち、a については、誤報と区別しがたいところから、同一火災判定から除外する。b と c に対しては、隣接する区画が 5 分以内に検知した場合、同一火災と判定する。日本坂トンネルの場合約 90m 離れた車両に引火している [(3)] ので、その間、不検知区画があったと考えられる。しかし、この場合は、水噴霧制御の再検討を行う必要もあるので、「同一火災」とするよりは、別個の火災として取り扱った方が良いと思われる。

非常通報区画と検知区画については、その差が 120m までは、同一の火災によるものとする。(2 つ以上の非常通報器があった場合を同一火災とする)

異なった火災が発生した場合は、警報と点滅表示まで管制員に通知する。

非常電話の火災連絡の時は、火災発生区画と非常電話口、又は入力する距離との差が400m以内であれば、同一火災とする。

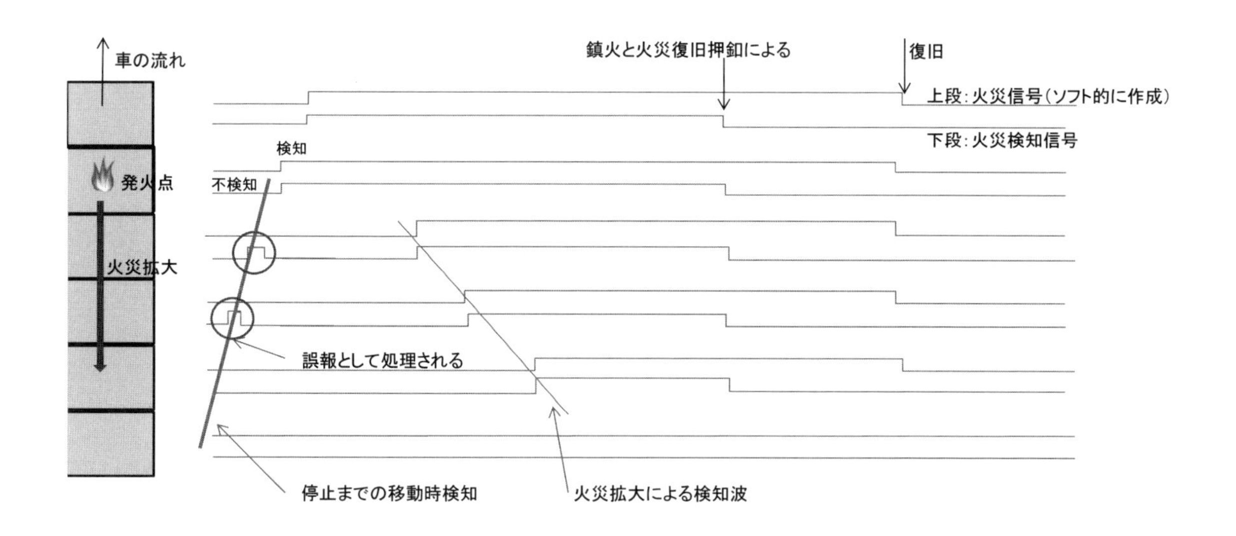

図1.10　同一火災の検知パターン

参考文献

(3) 判決言渡　平成2年3月13日

2.3　初期制御の支援

2.3.1　前提とする設備

トンネル火災諸元について、データの諸元を設定しておく。表1.5にこれを示す。ただし、これは、5m高さ×10m幅の断面積のトンネルを仮定しているため、本システムと違うところがあるが、傾向を示す近似値として使用可能である。

表 1.5　火災に関する諸元

火災の出力（MW）		3	10	20	50	100
代表車種		乗用車	トラック	ローリ	石油漏れ 1	石油漏れ 2
水平面積（m×m）		1.5 x 4 m	2x6	2.5x10	4x6	4x12
火災面積(m^2)		6	12	25	25	50
火回り(m)		10	15	25	20	30
火炎の高さ（自由空間）（m）		4	6	7	16	17
煙の発生量(kg/s)		17	24	35	48	95
煙層の初速(m/s)		1.3	2.2	3.0	5.3	6.7
煙層の頭の深さ（m）		0.7	0.9	1.2	1.7	2.7
排煙[*2]のための最小距離（m）		35	50	75	100	200
炎の直上の天井面下のガスの温度（平均）℃		135	310	430	1000[*1]	1000[*1]
裸皮に耐えがたい苦痛を与える臨界温度（層の温度　160℃）	排煙なし	0	65	140	350	700
	排煙あり	0	35	60	100	200
発火臨界距離（層の温度　580℃：木材の発火温度）	排煙なし	0	0	0	105	210

*1：この温度を与えるように空気の混入を仮定した

*2：煙の発生と排煙が均衡するための最小距離　トンネル断面 5m x 10m　排煙能力 $0.2m^3/m$

出典：Studies of Fire and Smoke Behavior Relevant to Tunnels　A.J.M. Heselden BSc., 2nd INTL SYMP. On the Aerodynamics and Ventilation of Vehicle Tunnels, 1976, March UK

またトンネル火災に対して設備される防災設備のモデルを表 1.6 に示す。この設備の取付け位置、設置間隔、制御区画、仕様等について表 1.7 に示す。

表 1.6　防災設備モデル

	（通信幹線・・・施設管理業務範囲） （給電系統・・・施設管理業務範囲） （照明設備・・・・・・施設管理業務範囲）
排煙設備	（給排口・・・・・・施設管理業務範囲）（CO,VI計）
消火設備	サイヤミーズ給水栓 水噴霧設備　（水噴霧区画30m） 泡消火栓 消火器
非難誘導設備	誘導灯 連絡口 避難路
警報設備	トンネル内拡声機 トンネル内再放送 トンネルベル 警報表示板
監視（通報）装置	突発事象検出（異常走行検出）装置 CCTV
通報設備	火災自動検知器 非常通報器 非常電話
	（速度警告、車間警告） （標示・・・公安委員会分）

火災制御は、以上の前提条件の下で火災事象の変化に対応して消火活動が行われるものとする。こういう消火活動の中で、道路管理者に要求される処理対策は、図 1.11 にも示すように

a　迅速な初期対策

b　排煙、投光、給水栓等の設備運転

c　火災状況、有毒ガス、視程不良の監視

d　避難誘導

e　交通規制（警察と共同で行う）

f　現場検証

g　鎮火後の復旧処置

h　サービスの開始

等である。

このうち、トンネル防災監視制御装置が関与するのは、次の４つである。

ア　初動対策

イ　設備の運転

ウ　監視

エ　復旧措置

設備の運転の大部分は、初動対策で行われるので、初動対策の項で述べることにする。また、監視には、火災中の監視と、鎮火状況判定のための監視がある。後者は、初動対策中（水噴霧放水中）に鎮火しうる場合もあり、監視の目的が異なるので、項を別にして論ずることにする。

表 1.7　防災設備諸元　及び　ソフト上の取扱規模

区分	設備機器	対象搬送子局								子局単位規模	設置区画	制御単位	備考
		三宅坂	平河町	霞が関	汐留	麻布	赤坂	常盤橋	羽田				
通報設備	自動火災検知器									100	15m[*1]	30m	ちらつき輻射型
	非常通報器									30			
	非常電話												
監視装置	CCTV									20			
警報設備	トンネルベル	○	○	○	○	○	○	○	○	0			
	警報表示板(点灯消灯のみ)	○	○	○	○	○	○	○	○	2			
	トンネル内再放送												
	トンネル内拡声												
消火設備	消火器												
	泡消火栓												
	水噴霧ポンプ	○	○	○	○	○	○	○	○	1			
	水噴霧弁	○	○	○				○		100	30m[*2]	30m	
	水噴霧ポンプ水槽	○	○	○				○		1			
	高置加圧水槽	○	○	○				○		1			
	呼水槽	○	○	○				○		1			
	トンネル内ポンプ起動	○	○	○				○		10			
	サイヤミーズ給水栓	○	○	○				○		10			
	サイヤミーズ給水栓切替	○	○	○				○		1			
	試験放水	○	○	○				○		1			
施設管制システム	CO 系入力	○	○	○	○	○	○	○	○	32			
	VI 計入力	○	○	○	○	○	○	○	○	32			
	火災検知区画出力	○	○	○	○	○	○	○	○	可変			
交通管制システム	火災検知区画出力	○	○	○	○	○	○	○	○	可変			
	水噴霧区画出力	○	○	○					○	可変			
	警報板表示内容出力	○	○	○	○	○	○	○	○	2			
	警報板表示指令入力	○	○	○	○	○	○	○	○	2			
将来用	オペコン（三宅坂）	○	○	○	○	○	○	○	○				
	オペコン（東一管）	○	○	○	○	○	○	○	○				
	自動火災検知器（半地下）	○	○	○						100			
	水噴霧弁	○	○	○						100			
	警報表示用パターン表示									10×2			10 可変

＊1：坑口付近では検知区画は 15m 以上

＊2：検知区画と必ずしも 1 対 1 ではない

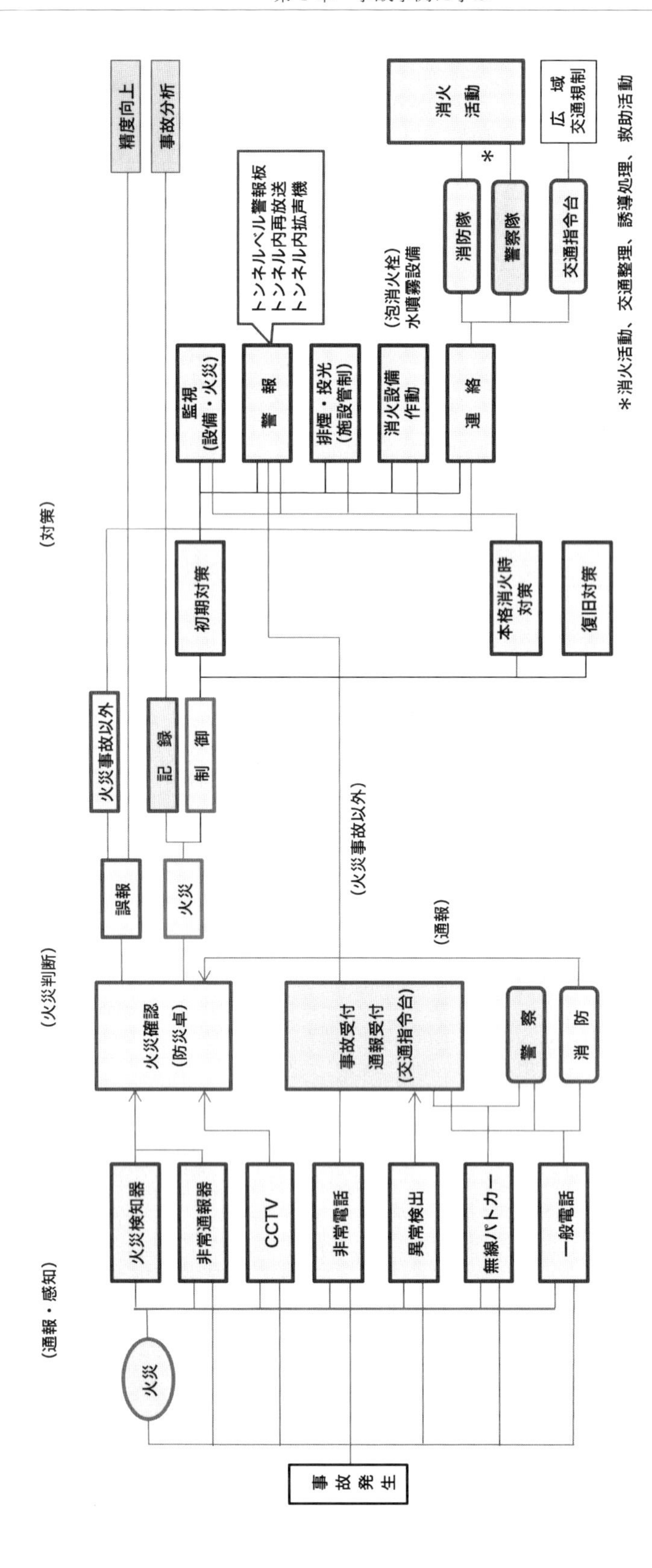

図 1.11　火災、事故発生と非常用設備の相互関連フローチャート

2.3.2　方式検討

火災事象がなく、設備機器が予定された状態にある（平常時）とき、CRTは何も表示しない（ブラインド表示）方式が、防災システムでは一般に採用される方式である。操作員の負荷を軽減することができる。そして、状態変化があったときに、点滅表示とCRT表示、警報が行われ、操作員に操作を要求する。

点滅表示の方式については、この種のシステムでは電協研仕様に準じた方式が採用されている。この方式で問題となるのは、点滅を個々に消去するか、全部を一斉に消去するかの決定である。また、同一の監視項目が、ハンティングして状変が多発するときにはそれを防止する機能が必要である。火災検知のように、性質が似たような項目に対しては、各々に対して点滅を消去するのではなく、集合情報を作成し、その集合情報を点滅の対象とする方法が良いと思われる。消去のタイミングにより、消去された監視項目に対応する操作を行う。操作員には、点滅表示が未確認項目全体と理解される。この時、次に操作されるべき項目が何かを示すために、CRTに点滅項目の一覧表を示すことが望ましい。また、優先処理を行うため、CRTには、ライトペンを付加し、監視制御項目の選択が可能にしておくことが望まれる。

一斉消去の方法は、システムを稼働させたときや、回線が復旧したときになどに操作員の判断で行われるべきである。すなわち、何もない状態から、急に監視情報が入力してくることになる。このため、一般に、状態変化の数が多い。原則的には、個々に状態変化の項目に対して処置を行ってゆくべきであるが、操作が煩雑である。この操作を省略し、本来の監視制御に移るため、一斉消去の操作が行われる。

操作方法についても、電協研仕様が適用される。特に、トンネル防災監視制御のように、緊急状態に対処するシステムでは、誤操作を防止するため、2挙動方式が望まれる。さらには、CRTに操作結果を予測して表示する方式が望まれる。

この2挙動は、電協研仕様のように、オペコンと端末の間で行われることは必要でない。中央装置のみでも良いと思われる。誤操作の防止が主目的であるので、オペコンの上での2挙動であればいい。

監視と操作の同期方式については、全二重方式と半二重方式が代表的である。また、その折衷方式が採用されることもある。全二重方式とは、操作と監視が全く独立に行われる方式である。操作シーケンスが不要の時に採用される。半二重方式とは、操作の応答を確認して次の操作に移る方式で、操作シーケンスが必要なとき採用される。原則としては、半二重方式が望ましい。操作シーケンスが乱れた時、その回復手続きは全二重の場合に比べ容易である。ソフトウエア作成の立場からは、全二重方式の方が、例外処理を除くと容易である。制御応答待ちの同期に対する考慮が不要になり、簡素なプログラム構造とすることが出来る。

オペコンからの操作モードとして、自動と手動の2モードを持つ方式がある。操作を容易にするため、制御を自動化することが必要である。監視と制御のループを自動的に流れるようにするため、自動モードを設ける。そして、オペコンから、自動モードの指定が可能にしておく。手動モードでは、全ての操作が可能であるように配慮されねばならない。操作項目一点一点に対して、操作が可能でなくてはならない。ただし、その操作鍵がオペコン上にある必要はない。

2.3.3　初動対策

火災の拡大を抑制し、被害を最小限にするために、迅速な初動対策が次の順序で行うことが望ましいと、一般に言われている。

a 火災拡大、二次災害の予防

b 生存者の避難誘導と救急

c 排煙

d 初期消火

e 関連機関への連絡

組織は作ったときが最高

組織の姿、それは、その会社の意思の表れでもある。技術力、販売力、様々な課題を解決し会社の発展のために組織化する。もちろん、3 年後、5 年後、10 年後の将来を見ての姿である。しかし、実際には、スタート時が一番かもしれない。

組織に人をあてがうのではなく、この人にこれをやってほしいからこのような組織とする。新たな事業等の場合は特にこのような視点が望まれる。その人がいなくなったら、変えないといけないのである。民間企業ではそのような視点が大切であった。

この点、官は異なる。官は様々な経緯から組織を拡大して来た。それが最大の功績ともなっているものである。組織一つ増やすにも大変な労力を必要とする。だから、増やすことはしても減らすことはできる限りしない。

会社を取り巻く環境は、日進月歩、今はこの言葉も古い。一つ判断が遅れれば、競争に負ける。10 年も変わらない組織、それはそれだけで多くの課題を有するとみる。

2.3.3.1　火災制御シーケンス

火災制御シーケンスのモデル案の検討とシーケンス図をそれぞれ、表 1.8、図 1.12 に示す。

表 1.8　半自動制御及びオペガイド時の操作連絡シーケンス

区分	設備　その他	順序	考え方	半自動（自動）モード時の制御方式
排煙	施設管制・火災検知出力	2	正転から逆転までに数分かかるので、できれば水噴霧ポンプと同じ考え方の適用が望ましい。排煙（新鮮空気供給の停止）は火災拡大予防に有効である。	火災認知の時点で、火災検知区画を送出する。火災認知後検知する火災検知区画を自動出力する。
警報	トンネルベル鳴動	3	トンネル内の搭乗者に火災事故を早急に知らせ、火災区域に進入し、火災拡大するのを防止する。	火災認知の時点で、火災区画に対応した（パターン指定）トンネルベルを選択して鳴動させる。
	警報板表示	4	トンネル内に進入した先行車両がトンネル外に脱出することを妨害しないように緊急車両の進入を妨害しないようにできるだけ早く表示する。	警報板に対して、上と同様のやり方で表示する。
	トンネル内再放送・拡声器	5	—	—
初期消火	水噴霧ポンプ	1	ポンプ起動から水噴霧弁の放水が可能になるまで時間がかかるので、2 回目の検知入力の時点でポンプ起動を行う。	火災検知、又は非常通報、オペコン火災入力の時点で、火災区画に対応するポンプ起動を行う。
	水噴霧弁	6	火災認知し現場での消火状況（消火器、泡消火）や、避難状況、火災規模、火災車種等を判断して放水戦術を決めるため自動化は困難である。	水噴霧放水区画の選択は、ポンプ起動後自動で行う。火災認知後、放水区画の修正を受け入れ、鎖錠解で放水を行う。（半自動）
避難誘導	（避難誘導）	（7）	固定表示であるので、制御はできない。	—
	投光	8	水噴霧放水が始まると、避難を開始するとされている。避難を容易にしたり消防隊の消火活動を容易にする。	（施設管制のオペコンから手動で投光制御する。オペガイドで示す。）
関係機関	交通指令台	9	火災発生場所と給水栓、進入路、連絡通路、交通事故場所、工事個所を勘案して消防隊進入経路推奨案を決定し、広域制御（トンネル全面止め）を行うため、最初に交通指令台と連絡を取る。	オペガイドで案内する。
	消防隊	10	上記進入経路推奨案をもとにし、所轄消防署へ通報し、効率的な臨場を依頼する	オペガイドで案内する。
	警察隊	11	上記進入経路推奨案と広域制御案をもとに高速道路交通警察隊に通報し、協議する。	オペガイドで案内する。

備考

（1）半自動（自動）モードでの制御シーケンス、およびオペガイドでの案内シーケンスを示す。

（2）オペガイドでのみのシーケンス　確認済みの入力はこの順序ではなくてもよい。

　　オペガイド：オペレーションガイダンスの略

（3）消防隊連絡は、必ず防災センターから行うことが望ましい。日本坂トンネル事故例のように、火災区画判定と非常電話受付台が異なり、非常電話受付台が独自に消防隊へ通報する方式では、所轄消防署が異なったり進入方向が不適切になったりする。

（4）初期消火と警報のシーケンスを逆にする方法もある。しかし、初期消火は火災現場へ進入する車両が無く火災規模が小さい段階で、消火器や泡消火栓で消火可能な小規模火災に対してのみ有効で、遠隔制御する場合は不適切と考えられる。

（5）東一管へ既設遠制を通じて通報するのを、水噴霧ポンプの後に行うこととする。これは警報板が遠方手動の場合、警報表示の時間が遅れるので、これをリカバリーするために順位をあげる考え方。

*1　R.Kamakura, et al: Study on A Nat Ventilation System to Effitiency Eliminate Fire Smoke in a Tunnel

*2　星埜　和：日本坂トンネル事故の教訓　高速道路と自動車　23[7]p8～12

*3　今出重大：安全防災システムの計画、東京電機大学　S50

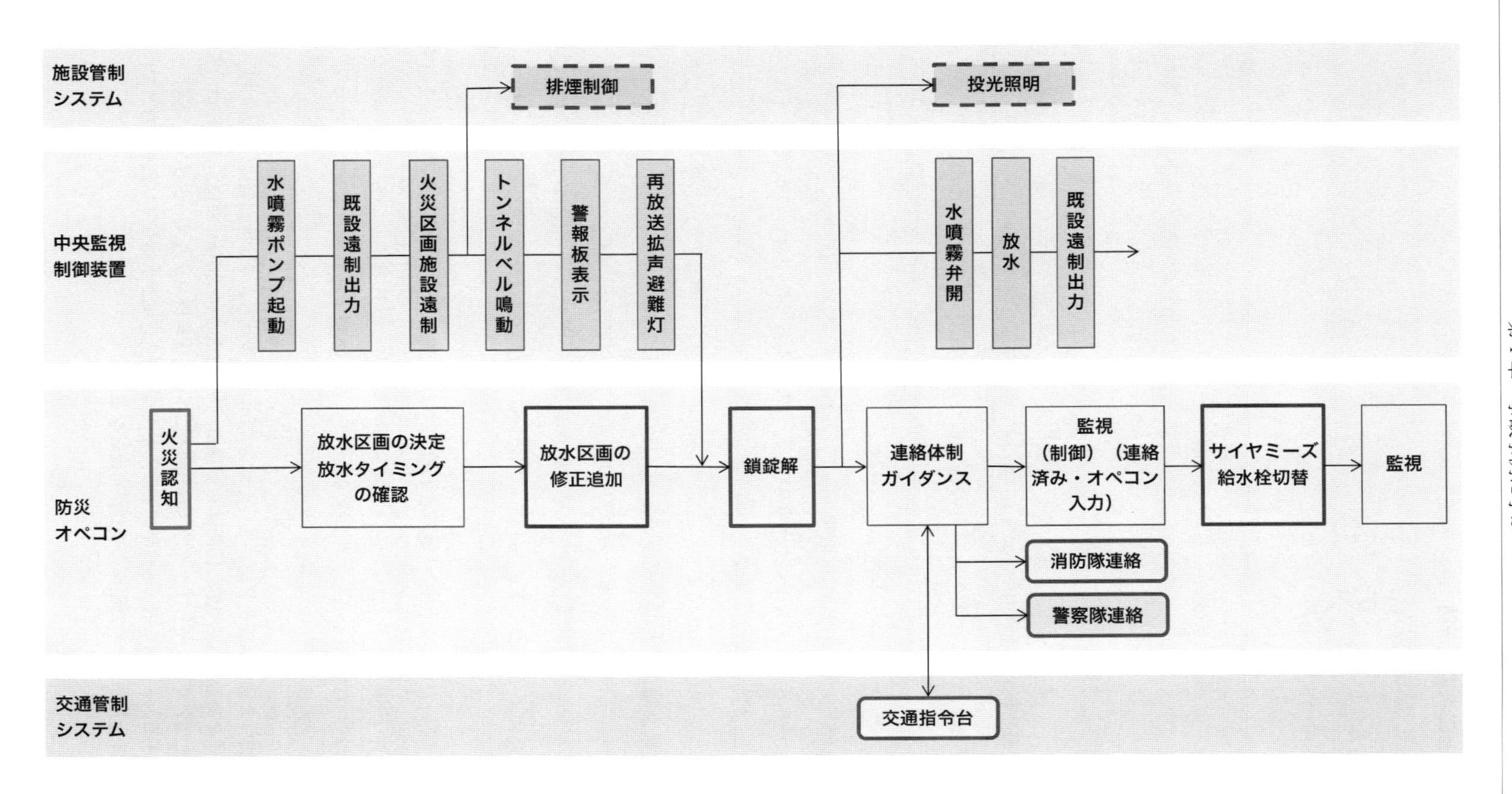

図 1.12 半自動モード時での火災認知後の操作連絡シーケンス

2.3.3.2　火災拡大と二次災害予防

この対策は、次の二点から行われる。

a 火災区域への進入禁止と区域外への排除

b 火勢の鎮静（排煙のところで述べる）

火災区画への進入回避と区画外への脱出は、一般利用者の自主判断で行われるため、道路管理者は迅速に一般利用者に警報と情報を提供することが要求される。火災発生地点より下流の利用者は、さらに下流に交通障害が無い限り、無事脱出できる度合いが高いので、提供の主目的は、如何に進入を禁止し、また、火災発生地点より間隔をおいて上流に停車させるかにある。

この手段として、トンネルベル、警報表示板を使用する。道路利用者に一刻も早く通知することが望ましいので、火災検知からの検知情報に連動させ、鳴動、点灯させることが考えられる。しかし、誤検知が多いので、連動した場合、誤報に起因する二次災害、また重なる誤報に対する不信、などマイマス要素が多く、連動は適さないと考える。したがって、中央で「火災」と認知した時点で鳴動点灯を行うことが望ましいと考えられる。この方式を半自動と称する。

半自動方式の欠点は、火災発生から実際にトンネルベル、警報表示板が鳴動し表示するまでに、10～20秒時間がかかることである。この10～20秒間に進入する車両は、5～10台／車線で、110～220mの移動距離である。これらの車両は、車両火災を目撃して次々と停車すると考えられる。停車に要する長さは、車頭間隔を7mとして、40～70mである。これらの停止車両は、火災現場から離れたところへ車両を退避させようとする。退避距離は、大型車火災規模で、100m以上である。したがって、上流のあるところで上流車両の進入を禁止し、退避距離と車両の行列を収容できる区画を確保しなくてはならない。（これは、トンネル内の車両進入に対して、閉塞区間方式で制御する概念*1である。）現在の方式では、この問題点をカバーするために、排煙による制御が考えられる。上流から下流へ空気が流れるように排煙することにより、上流車両への影響を減少させようとするものである。

火災発生地点と、警報表示板の位置の組み合わせは、半自動の時は、単純なパターンとする。

火勢の鎮静に対する制御として、トンネル内では、排煙により行う方法と、水噴霧による方法とがある。排煙は、火災判定後ただちに行うべく、施設管制システムへ依頼するものとする。

＊1　閉塞区間方式とは、本線を2㎞、もしくは200m毎に区切り、その区間毎に、車両の進入を制御しようとする方式である。自由空間の区間は2㎞毎に、トンネル部は200m毎に、陸橋部は、橋桁長にあわせ、区切るものとする。そして、その区間の進入口手前に信号機（又はメータリング設備）を置き、区間進入を規制する。トンネル内で事故が発生した場合、本線上区間が混雑している場合などに、区間単位で進入禁止、走行規制、速度制限等の規制が可能となる。

日本坂トンネル事故の場合、停止状況は、現場から100m以内は目撃によって行っており、200m以内は衝突音から、400m までは前車の急停止により、500m 以内は前方停止で、そしてそれ以遠は前方の停止行列を見て停止している結果が出ている[4]。走行速度を 100 ㎞/h とすると、18 秒後（500m÷100 ㎞/h×1,000m/㎞/3,600 秒）には、原因がわからず停止、又は停止体制に入っているものと推定される。一刻も早く後続車両を停止させるためには、水噴霧ポンプよりもトンネルベルを優先させる方法も見当する必要があるように思われる。

警報表示板内容は、現在は 1 パターンであり、制御は表示／表示解除の 2 種類しかないが、表示パターンを 2 パターン以上に増やす計画がある。この時、表示制御方式は現在のものよりかなり複雑なものになると予想される。そのため、表示内容を決定するため、表示しようとする内容を交通管制に出力し、選択を受けて表示するという事態も考えられる。そうすると表示遅れが問題になる。これを解決するために、表示内容は自動判定ロジックや、優先表示順位の概念が適用されることになる。このことは、表示解除の時にも問題が発生する。事故のため新しく表示しようとする場合に、それまでの表示内容を記憶しておき、事故復旧後表示内容をもとに戻すか、まったくクリアしてしまうかの問題である。

警報表示板制御が今後どのように改良されるかは不明であるが、警報表示板は、トンネル防災の搬送子局から制御されるという前提に立ち、上記の方向へ改良が容易なようにプログラム構造を設計しておくものとする。図 1.13 に、仮定した警報板制御機能のブロック図を示す。

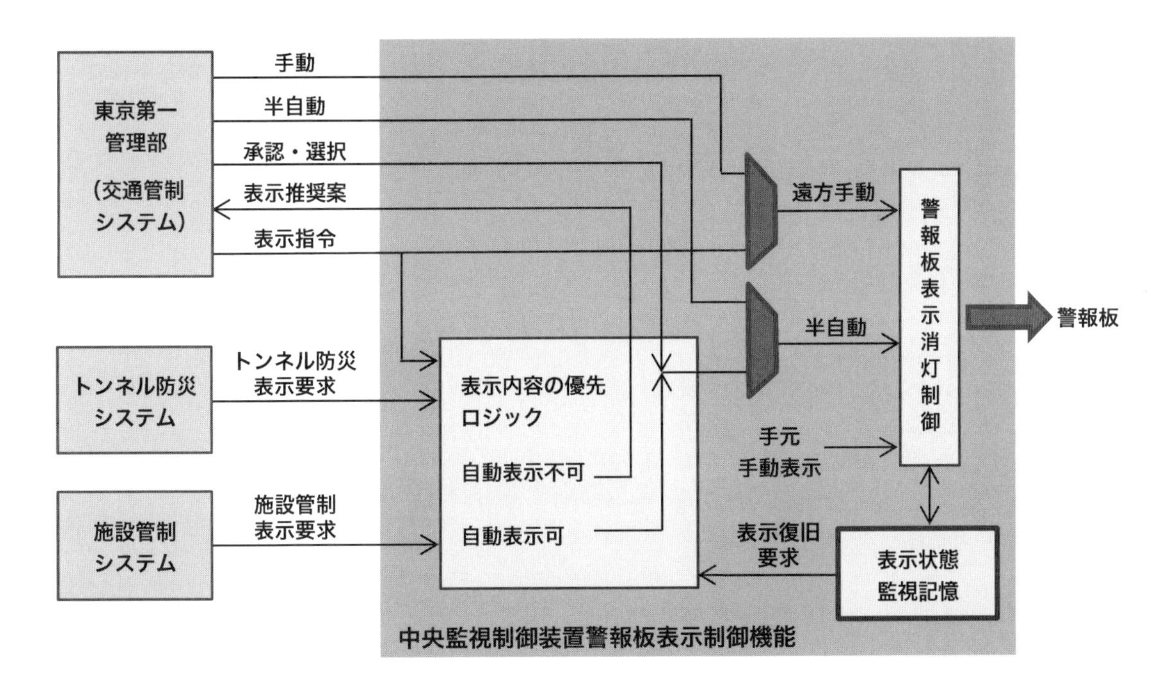

図 1.13　理想とする警報板制御機能

参考文献

(4) 宇留野他：道路情報提供システムに関する研究報告書、交通工学研究会　S55.3

2.3.3.3　避難誘導

生存者、避難者の誘導は、遠隔制御ではきめ細かく実施できない。避難のタイミングや避難方向を避難者の自主判断に委ねることになるため、避難口や避難方向の表示は固定式でよいと考えられる。しかし、より積極的に行うならば、煙のため視程不良になっているため、合図等を点滅させる、トンネル内を全照明にするなどの方策が考えられる。

日本坂トンネル事故当時の避難行動の推定図を図 1.14 に示す。この図から示されるように、炎や煙に追われ避難する人が多いこと、非常口利用者が少ないことが理解されよう。しかも、炎や煙が当事者に直接影響を与えるのは、火災発生地点から 200m までである。(表 1.9、表 1.10) 200m 以遠になると、緊迫感が無くなり、避難するまでに若干の気分的余裕が窺える。[4]

このような状況の中で、非常口利用者が少ないことは、火災発生の状況下では、多数の避難者は「大声で叫びながら、夢中で」避難しており、非常口灯や避難誘導灯が認識できなかったのではないかと推定される。しかも、非常口灯や、避難誘導灯は、トンネル壁面の上部に取り付けられている場合が多く、黒煙のため認識できなかったのではないかと思われる。(誘導灯等は、できるだけ路面*に近く設置することが望まれる。煙はトンネル上部を拡散してゆくので、建物内では、避難誘導灯を床面近くに取り付けするよう法制化されている。) そのため、避難誘導灯の取付け高さを低くし、点滅表示に切り替え、避難を誘導する必要があると思われる。

* 消防法では 1m 以内

表 1.9 避難時の状況

現場からの距離(m) / 状況	現場	100	200	300	400	500	600	700	800	900	1,000	1,100	1,200	1,300	1,400	1,500	外
	黒煙ガス分速 100～150m					分速 80m				分速 70m							
炎と黒煙・ガスに追われる	○	○															
黒煙とガスに追われる		○	○	○	○	○		○									
ガスに追われる				○	○		○										
逃げてくる人を見て			○	○	○	○		○			○		○	○	○	○	

○印はドライバの行動と現場からの距離との関係

表 1.10 退避時の意識と行動

現場からの距離(m) / 意識と行動	現場	100	200	300	400	500	600	700	800	900	1,000	1,100	1,200	1,300	1,400	1,500	外
車を捨てる	○	○	○	○	○	○		○									
車から離れる			○	○	○	○					○						
緊迫感なし			○	○	○	○		○			○		○	○	○	○	○
いずれは消えると思う			○	○	○	○		○			○		○	○	○	○	○
たいした事はない					○	○		○			○		○	○	○	○	○

○印はドライバの行動と現場からの距離との関係

表 1.11　退避行動

現場からの距離(m)／行動	現場	100	200	300	400	500	600	700	800	900	1,000	1,100	1,200	1,300	1,400	1,500	外
大声で叫びながら	○	○	○	○	○	○											
夢中で	○	○	○	○	○	○											
逃げてくる人とともに	○	○	○	○	○	○		○			○		○	○			
ゆっくり避難				○	○	○	○				○		○	○	○	○	
けが人をおぶって	○																
何も持たずに	○	○	○	○	○	○		○									
キーを抜きドアロック			○	○	○	○	○	○			○		○	○	○	○	
非常口へ		○				○	○										

○印はドライバの行動と現場からの距離との関係

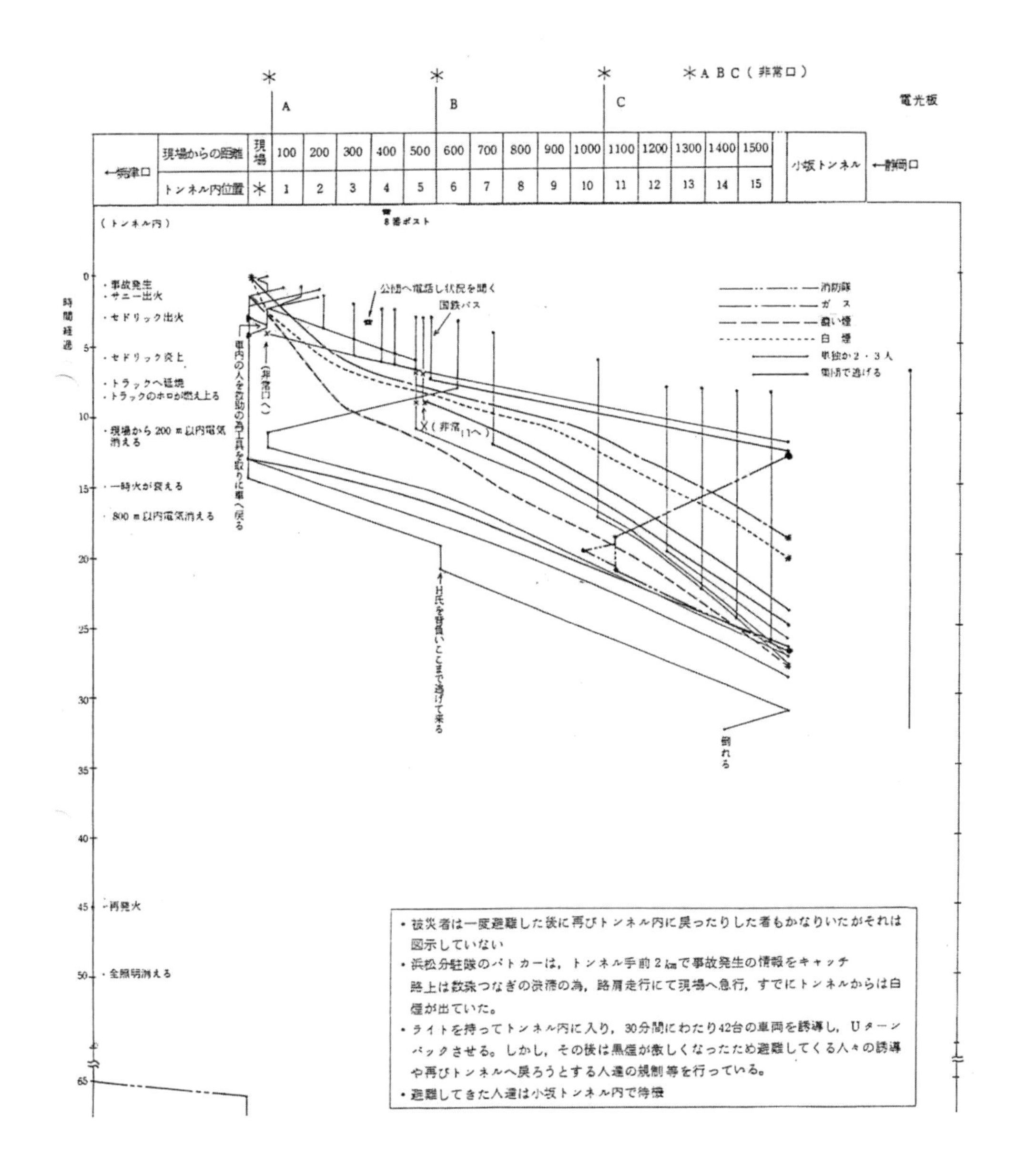

図 1.14　日本坂トンネル内火災事故時相似者避難行動の推定図（新聞等の報道による）

2.3.3.4　排煙

効果的な排煙は、火災拡大の抑制、避難退避、そして消火活動容易化に大きな効果があると言われている。理想的には交通流の流れの方向に、煙が上流に上らない風速を与えることである（下流側は、車両で火災現場から容易に脱出できる。またこれにより、避難者は上流に安全に向かうことができ、上流車両の類焼も防止できる）。

この理想的排煙を行うためには、トンネル内の風向風速の他に火災規模を入力する必要があり、またきめ細かいダンパー制御を必要とする。たとえば、日本坂トンネル事故規模になると、風速 5〜7m/sec を与えなくてはならない。

火災検知区画に対応した排煙方式をパターン化しておき、実際に火災が発生した時には、火災発生区画に対応したパターンを選択し、排煙を行うことは、次善の策である。しかし、小規模の火災に対しては、過度の空気の流れを起こすことは、かえって火勢を煽ることや、避難車両まで煙で包み込むことが起こり得るので注意を要する。たとえば、上記の 7m/sec の風速は、時速 25 ㎞/ h に相当する。このため、検知区画数に応じて火災規模を代表させ、施設管制システムへ入力する方法、また排煙のタイミングを施設管制システムへ入力する方法等を検討する必要がある。

排煙制御効果、特に、火災発生地点近くの煙がもつ熱に対して、もっと着目されなければならない。煙をうまく制御して、類焼を防ぎ、避難行動と消火作業の容易化が図られる必要があり、そのためには現在以上のきめ細かい制御が要望される。排煙制御についても、水噴霧制御と同様に、排煙区画の制御概念が必要であると考えられる。(東京港トンネルでは、排煙区画の制御概念が導入されているが、荒い区画割である)。

水噴霧制御も、火災発生対象に水噴霧放水するだけでなく、火災近くの黒煙に対しても冷却化するという考え方を採用する必要がある。

2.3.3.5　初期消火

初期消火には、次の 3 手段がある。

a 消火器

b 泡消火栓

c 水噴霧設備

火災規模 3.2m^2 以下の小規模火災に対しては、消火器や泡消火栓は有効な消火手段である。一方、水噴霧設備は、これよりも規模の大きい火災に対しても有効であるが、走行中の車両に水噴霧放水を行うと事故を誘発させやすい、消火中の現場搭乗者が水濡れになる等の問題がある。

CCTV で、火災規模が小さく、現場で消火活動を行っていて鎮火ができそうだということが判定できるときは、水噴霧を行わない方がいいと思われる。また退避中の車両が認められるときも、水噴霧の鎖錠解を解くべきでないと考える。

鎖錠解は、火災感知後 10〜60 秒の間に遠制で行われる。

水噴霧ポンプが起動され、加圧されるまでに、10 秒から 20 秒かかると推定される。この制御遅れを吸収するために、管制員が火災認知した時点でポンプ起動させておく（半自動の時)。また、火災発生地点が合分流地点で、2 水噴霧系統に跨る時は、両方のポンプを起動させておく。

半自動のときは、水噴霧区画の推奨案を作成し、オペコンに表示する。2 感知区画までは、そのまま水噴霧区画を対応させるものとする。

3区画以上の場合、次の方式で行う。

表 1.12　火災検知と放水対応

場　合	選　択
最上流区画が1区画のとき	最上流区画を選択して、下欄の場合の選択を、残りの1噴霧弁に対して行う。
最上流区画が2区画のとき	その2区画
最下流感知区画が1区画のとき	その1区画
最下流感知区画が2区画のとき	最上流の次の区画（ただし、その区画が連続して2区画のときは、選択をせず、警報出力する）

この選択方式の根拠は、次による。

ア　避難者が、2火災検知区間に挟まれていることが予想される。

イ　避難者は、上流に向かって避難すると考えられる

ウ　水噴霧区画を分散するよりは重点放水を行って火災の拡大を予防するのに努力する

等を目的とした。

この方式の問題点は、風向風速を考慮に入れていないため、煙による熱の輸送により、類焼が発生する危険があることである。これに対しては、火災検知区画の上流区画を間欠的に放水する手法が考えられるが、今後の検討課題とする。

2.3.3.6　連絡

トンネル車両火災に対しては、迅速かつ効果的な警報と初期消火が行われることと、消防、救急、整備、道路施設の係員が早く現場に到着し、本格的消火活動に入ることが要請される。

連絡先として、次のものが考えられる。

表 1.13　連絡先と機能・役割

機　関		機能と役割
消防所		消火と救急
警　察		警備と交通規制
公　団	第一管理部	交通規制と可変規制板
	保全部	現場と電気室
	直近パトカー	現場

消防署を除いて　連絡先はトンネルに関係なく1つであるが、消防については所轄の消防署に直接連絡することになっている。

消防隊が、現場に迅速に到着してもらうためには、次のことが必要である。

a 所轄の消防署を選択すること

b 火災発生場所、火災規模、火災の種類（車両と積荷）、負傷者の有無

c 進入路（オンランプ）とサイヤミーズ給水栓の打合せ

d 混雑状況

上記 a〜c までは、防災センターで把握することができるが、d の混雑状況は、東京第一管理部でデータ収集されている。特に、今日の渋滞状況をみると、混雑状況を反映した進入路の案内が現場到着するために不可欠のものである。

図 1.15 に、連絡から現場に到着するまでの時間モデルを示す。

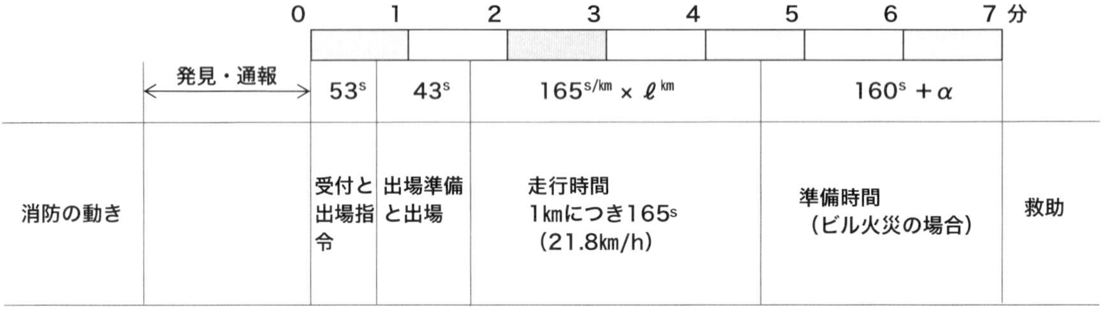

0　1　2　3　4　5　6　7 分

	発見・通報	53^{s}	43^{s}	$165^{s/km} \times \ell^{km}$	$160^{s} + \alpha$	
消防の動き		受付と出場指令	出場準備と出場	走行時間 1㎞につき165^{s} （21.8㎞/h）	準備時間 （ビル火災の場合）	救助

救助までの時間　$256^{S}+165^{S/km}\times\ell^{km}$　（S:秒）

1 所要時間の推定

トンネル	距離	時間（秒）
千代田	2 ㎞	586（9.8 分）
霞が関	2 ㎞	586（9.8 分）
八重洲	1 ㎞	421（7.0 分）
汐留	1 ㎞	421（7.0 分）
赤坂	2 ㎞	586（9.8 分）

2 火災発生場所によって、所轄区域が異なる。共有されることが有る。その連絡方法は？

3 走行時間を短縮するために、所轄署から現場までの進入経路を予め設定しておく必要はないか？
ただし、交通事情（後続車両の渋滞状況）に応じた経路によるべきである。

出典　建設設備総合協会編：建設の防火・排煙・消防設備（1）　オーム社　P177

図 1.15　消防連絡出場モデル

2.3.4　火災認知後の監視

防災センターで火災認知後の時期に火災状況と消火状況の監視を行う目的は、次のとおりである。

a 火災認知後の火災検知状況、非常通報、CO 濃度と VI 値の変化状況、CCTV 映像から火災規模の変化、火災状況の変化を総合判断し、初期消火戦術の軌道修正や、本格消火戦術の判断に資する。

特に、火災規模が大きく、熱、ガス、煙のために現場にアクセスできないときは、火災現場の状況を把握する唯一の手段（もし、焼損していなければ）となる。

b 火災拡大状況を想定し、その予防策の必要性を判断する。必要とあらば、反対方向を進入禁止にして一般者を排除し、連絡通路からも消防隊の進入を消防隊へ提案する、などの方法が考えられる。

c CO 濃度が許容範囲中にあるか監視し、範囲外に変化する危険がある時は、現地の消防隊に警告するなどである。

監視の対象は、火災の拡大状況と鎮火の状況、設備の稼働状況、現場体制などである。

2.3.4.1　CRT 表示

CRT 画面は、設計の自由度が大きいこと、表示シーケンスを組めることなどから、監視制御システムで不可欠のマンマシンインタフェースとして採用されている。

トンネル防災システムに属する分野では、全体から部分へ、順次レベルを落とし、具体化してゆく表示シーケンスが取られる。

表 1.14 CRT 画面の機能と一覧表

CRT 画面名称	トンネル対応の有無	表示モード		機　能	表示項目
		手動	自動		
防災区画表示	トンネル毎	○		1.防災区画毎の防災設備の配置状況と故障状況を把握する 2.火災による焼損が発生した場合、その被害状況を推定する	防災区画、検知区画、非常通報区画、CCTV、非常電話、消火器、泡消火栓、給排口、避難口、給電系統、照明系統、通信幹線、トンネルベル、警報板、トンネル内再放送、トンネル内拡声器、誘導灯、キロポスト、坑口からの距離、給水栓、CO 計、VI 計、トラカン、照明
火災検知・放水区画表示	トンネル毎	□	○	マクロ表示：トンネル内の検知区画、放水区画、非常通報区画、非常電話区画、及び水噴霧区画の状況を把握する。制御中の火災を同定して、以下ミクロ表示にリンクする	検知区画、放水区画、非常通報区画、非常電話、放水区画等（その他、集合情報）
	トンネル毎	□		ミクロ表示：1.火災検知区画と非常通報、CCTV の関係から火災確認を行う 2.火災状況をミクロに把握する 3.水噴霧区画、ポンプ運転状況、水位を監視する 4.サイヤミーズ給水栓接続状況を表示する	火災検知区画、非常通報、非常電話、CCTV、キロポスト、坑口からの距離、CO 計警戒状態、VI 値計画状態、水噴霧放水区画、ポンプ運転状況、サイヤミーズ給水栓、ポンプ水槽残水量、その他（泡消火栓）
水噴霧系統、サイヤミーズ給水系統表示	トンネル毎	□		1.水噴霧系統とその動作状況、及び故障状況を監視する 2.サイヤミーズ給水栓とその系統を監視する 3.消防隊が接続するのに最適な給水栓を見つける	検知区画、放水区画、水噴霧ポンプ、呼水槽、加圧水槽、ポンプ水槽、サイヤミーズ給水栓、給水栓切替、泡消火ポンプ
警報板動作状況	トンネル毎	○	○	1.検知区画と警報表示状況の対応を確認する 2.警報板の表示内容を確認する	検知区画、警報板表示位置、トンネルベル作動位置、表示内容
連絡先ガイド	トンネル毎	○		1.所轄消防署、警察署とその電話番号を索引する 2.消防隊進入路と接続給水栓、使用する連絡口の推奨案を作成する 3.進入路途中の工事、交通事故等を調べ、進入路妨害の有無を確認する 4.必要な警報表示を拡大する	検知区画、所轄範囲、所轄署とそのＴＥＬ、給水栓、表示内容 工事、交通事故の有無とその場所
CO　VI 変化状況	一般的	□		1.検知区画の拡大と鎮火状況、CO、VI の各地の変化状況を監視する（時間的水位を監視する） 2.火災通報の真偽を確認する	検知区画、CO、VI の時間毎の値
オペガイド	一般的	□		1.オペガイドを行う	監視制御状況の要約 オペレーションの推奨案
端末故障状況	一般的	○		1.故障中の端末を確保する 2.保守復旧に役立てる	
状変状況一覧表	一般的	○	○	1.状変の内容を一覧表に示す	

□は、表示内容を時々刻々更新する。

2.3.4.2　火災状況の監視

火災の拡大状況は、平面的広がりと時間的推移から判定することになる。入手しうる情報は、火災検知器、非常通報器、CO 計、VI 計の 4 種類と CCTV 映像である。

(1) 火災検知状況

検知器 1 個の検知区画長は 15m ほどである。ほとんどの車両火災の場合、火災は 15m の区間内に収まると考えられる。したがって、同一の火災を連続した 3 区画が同時に感知することはほとんどないと思われる。3 区画以上表示することにすれば、ほとんどの火災検知状態を表示することができる。

日本坂事故のように、後続車両へ次々と引火し、1000m 以上の長い区間が火災した場合には、3 区画同時監視では不十分であるが、グラフィックパネルは全体の検知状況を表示するものであるため、CRT では、詳細表示として 3 区画以上表示するという使い分けで監視の目的を達することができると考える。

検知器は、検知すると火災復旧信号が来るまで検知状態をラッチするので、放水効果が出てきたのかどうかを、検知器を通じて行うことができない。CCTV 映像でも、煙による視界不良のために確認が困難である。また、視界がよくなり鎮火を確認できたとしても、余熱を推定することができない。

この対策として、5 分毎に自動的に火災復旧信号を送出することとしたい。不検知になってから数分以上たてば、余熱もなくなり、二次災害の危険は少なくなったと推定できると思われるからである。ただし、この方法でも、焼損した検知器に対しては無効である。

鎮火後も、故障した検知器は、検知状態のままであるので、復旧手続きの 1 つとして、検知器試験を行うことが望ましいと考えられる。

(以上のように極めて限られた情報しか得られない場合を想定すると、光ファイバ温度センサは有効である。発火点付近で焼損したとしても、両サイドから温度分布が得られ、トンネル内の状況をある程度推定できる。)

(2) CO 濃度

CO 濃度値の変化は、火災温度と相似の変化を示し、火災現場近くでは、着火後 25 秒で急激に立ち上がり、110 秒前後で最大値を示す。したがって、3 秒以内で火災の真偽を判断するためには、もっときめ細かい周期でサンプリングを行う必要がある。火災検知後の 30 秒間は、10 秒周期でサンプリングすることとする。

CO ガスは、火災現場から空気中を拡散してゆくので、CO 濃度測定用吸い口が遠いと、CO 濃度の立ち上がりが遅れ、また、その値も低くなり火災の真偽には使用できないと予想される。

火災規模が大きい場合、かなり遠隔でも CO 濃度の変化も大きいと予想され、火災状況の変化の監視には有効であると思われる。

(3) 視程

煙はトンネル上層を移動し、周囲の空気と不連続な境界を形成する。したがって、VI 計測区間の端を煙が移動している間は、VI 値が時間と共に低下してゆくのが観測されるが、ある距離まで煙が移動し、

VI 計測区間の一部が煙に覆われると VI 値の低下の状況は観測されなくなると推定される。

たとえば、ローリー級の火災規模の場合、3m/sec の速度で煙が移動するので、10 秒で 1 防災区画が、また 33 秒で VI 計測区間が煙で覆われることになる。そのため、VI 値の変化状況から火災の真偽を判断するためには、これより短い周期、CO 濃度の場合と同じく 10 秒周期でサンプリングすることにする。

煙は、CO ガスの場合と違い、かなりの距離まで、雰囲気と不連続な層を形成して移動するので、火災検知の時間と火災規模から、火災発生地点をある程度推定することができると思われる。(風向風速も考慮に入れないといけない)

CCTV により、煙の動きを見て、火災規模の推定に用いることも検討に値すると思われる。

鎮火に向かう時は、排煙が区間的に一様になると思われ、VI 値は鎮火状況を判断するのに良い尺度であると思われる。

(4) 監視領域の検討

CRT 画面では、詳細表示を原則とする。理想から言えば、トンネル全体にわたって、火災検知区画、CO、VI 値、それらの説明文字が表示されることが望ましいが、CRT の表示領域の大きさの制限から一部しか表示できない。そのため、監視制御からの条件と、見やすさからの条件がバランスしたところが最適な表示用の防災区画数となる。表 1.15 にその検討結果を示す。5 区画を表示区画とする。

表 1.15　表示区画数の検討

水噴霧区画数	1	2	3	4	5
区間長	30m	60m	90m	120m	150m
火災検知数	2	4	6	8	10
非常通報器数	0.6（30/50）	1.2	1.8	2.0	3.0
非常電話	0.15（30/200）	0.3	0.45	0.6	0.75
CCTV	—	—	—	—	0.75（150/200）
火災時の車尾頭間隔表示 (80m 以上) *1	不可	不可	可	可	可
非常通報器と火災感知器との一括関係表示（90m 前後） *1	不可	不可	不可	可	可
水噴霧 2 区画表示 (60m 表示)	不可	可	可	可	可
煙の最小の広がり一表示 (ローリー車の場合) *2	不可	不可	可	可	可
火災発生下流区画の表示	不可	不可	不可	不可	可
CRT 上の 1 区画の大きさ 文字数 視覚*3	—	—	—	7.35cm 21 文字 7.3°	5.7cm 16 文字 5.7°

＊1：日本坂トンネル事故から

＊2：図 3-1　75m 以上煙は広がる

＊3：最も注意を引きやすい視野角は、8°以内（人間工学から）

2.3.4.3　設備の監視

設備の稼働状況の監視が、初期対策の後、行われることになる。

(1) 初期消火の段階の監視

サイヤミーズ給水栓が接続されるまで、または防災用制御盤が直接に切り替わるまでが初期消火の段階とする。ここでは、設備操作の応答と初期消火可能残時間、現場体制確立の監視を行う。その監視項目は、概略次のとおりである。

a　水噴霧区画と火災検知継続発生状況

CRTでミクロ表示している時は、他区画に新規に火災検知のあった旨表示する。火災検知の方向へ表示区画を移動することにより、ミクロ表示区画が移動し、CCTVもそれに連動して自動選局される。

b　水噴霧ポンプ水槽の残水量

c　防災用制御盤直接切替

d　サイヤミーズ給水栓接続、または通報

e　消防隊の現地到着の通報

(2) 本格消火の段階の設備の監視

サイヤミーズ給水栓が接続された、または制御盤が直接に切り替わった後の段階が本格消火の段階である。この段階では、次の項目を主として監視する。

a 火災の検知状況と放水区画の対応

b 火災検知器の試験（事情が許せば行う。焼損検知器をこの段階で把握することができる）

c サイヤミーズ給水栓切離し

2.3.4.4　現場体制の監視

消防隊、警察隊、現地の公団係員等が消火現場で、消火、警備、設備の運転等を行うようになると、センターは必要に応じて現場と連絡を取り合うことになる。センターでは、記録と事後分析のため、連絡事項の重要なものについて、オペコンから登録することとする。

2.3.5　鎮火

初期消火の期間中に鎮火して、遠隔操作により、水噴霧放水を停止することがある。ただし、排煙から換気への切り替えは、原則として現地操作すべきである。これは、余熱のあるところへ、排気から換気に替えて新鮮な空気を供給されるようになるため、再火災の危険が高くなることによる。

検知から不検知になった後、何分継続して放水すべきかは制御上の重要な判断事項である。火災の発生パターンを見ると、燻焼段階の継続が5～6分（木造）であるので、この時間内に検知が無ければフラッシュオーバーが無かったと判断し放水停止を考慮してもよいと思われる。このため、5 分毎に火災復旧を自動送信し、不検知からの時間を監視することになる。

鎮火の判定、とくに、本格消火の段階のそれは、現地からの連絡によるものとし、本装置はオペコンからその通知を受け付けるものとする。

2.3.6　復旧

火災が鎮火し、負傷生存者の救出が行われ、現場検証が終了すると、復旧作業に入る。担当機関の区別はなく復旧作業を列挙すると、次のものがある。

a　消火設備と器具の整理

b　残骸の整理

c　警備の解消

d　トンネル設備機器の点検、遠方切替、焼損機器の修復

e　路面壁、天井面の修復

f　通行サービスの開始

g　記録の整理と分析

本システムでは、復旧作業に対応する機能として、次の機能を持つ。

ア　復旧ガイド(図 1.16)

イ　試験機能

ウ　焼損機器の修復期間中の運用からの除外

エ　記録ファイルのクローズ

記録ファイルのクローズは、復旧押釦後の日替わり時とする。ただし、復旧押釦が午後のときは、翌日の日替わり時とする。

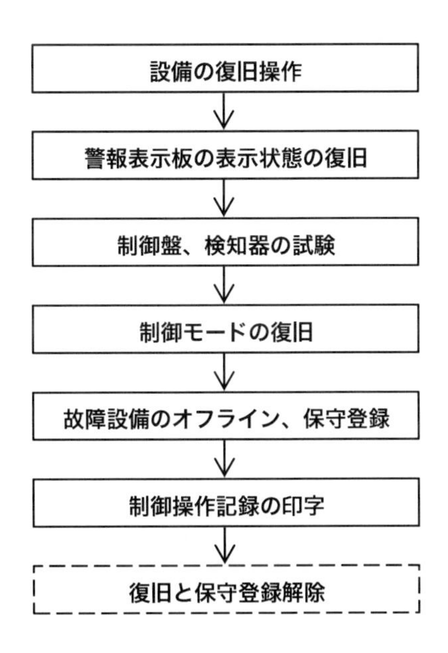

図 1.16　復旧手順モデル

2.4　1980 年の設計・システム構築

前項までの内容は、日本坂トンネル火災事故後、顧客への提案の際に、調べ検討した内容と、さらにはシステム見直しの機会が与えられた時の基本設計の内容である。

現在とは技術等の環境がだいぶ異なり、異論もあると思われるが、何を問題として、その問題をどう解決していったかそのプロセスを示したいがゆえに記述した。

実際のシステム構築では、他システム（施設管制システム：ここで直接的に関係するのは CO、VI 計測値の取り扱いや排煙運転など）との連携はほとんどできていない。既存システムの改修まで予算措置や設計等ができていなかったことによる。

CCTV の取り扱いは前項までに記しているが、最終的には火災（第一報）の情報に基づいて起動される CCTV を中心に前後の CCTV カメラ映像を同時に見られるようにすることであった。これであれば CCTV の可視範囲が 100 メートルでも 3 台の CCTV で約 300 メートルの区間を同時に見ることができ、火災の真偽判断は短時間で可能となる。

ただし、実際に CCTV 映像が 3 台同時に見られるようになるには時間がかかった。当時の CCTV 映像は白黒映像であり、その伝送機能の向上は全面的見直しが必要であった。大きな予算措置も必要であった。

3　欧州　アルプストンネル火災事故

欧州では、1999 年にモンブラントンネルとタウエルントンネルで事故があり、2001 年にゴットハルトトンネルで火災事故が発生した。また 2005 年に、フレジウストンネル火災事故が発生した。

3.1　モンブラントンネル火災事故（1999 年 3 月 24 日）

モンブラントンネルは、1965 年に開通した全長 11,600mのトンネルである。対面通行であり、換気は横流式である。フランスとイタリアを結ぶ道路であり、両国の運営組織（フランス側：ATMB、イタリア側：SITMB）が監視していた。

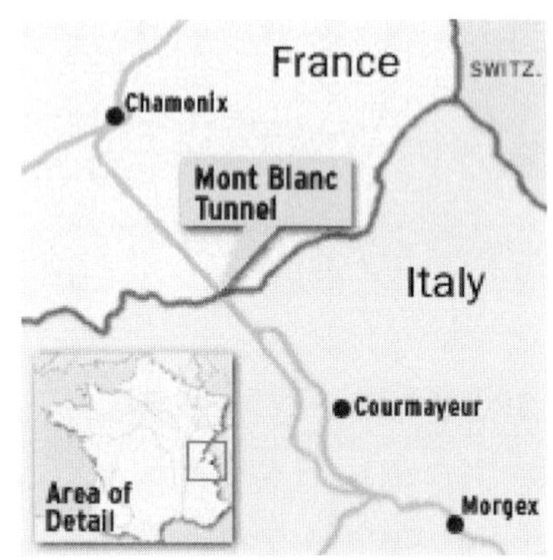

図 1.17 モンブラントンネル火災事故*

*　“ 35 killed by Mont Blanc tunnel inferno” Saturday 27 March 1999 by Telegraph Group Limited

フランス側出入り口から 6.5km の地点で、小麦粉 12 トンとマーガリン 8 トンを積んだトラックが火災を起こした。原因は不明であるが、エンジンの不調であったようだ。火災事故の結果、40 台を超える車両が焼失し、41 人が死亡、27 人が重傷を負った。

事故の状況、火災通報後の避難誘導、そして換気と排煙についてまとめると次のようになる。

（1）事故状況等

・1999 年 3 月 24 日事故原因のトラックが 10:46 分トンネルに入る

・10:52　視程計が警報

・10:53　車体から煙が出ているため停車

・10:53　指令員が警報を承認。目で確認

・10:54　第 22 非常駐車帯の電話による通報（イタリア指令室受信）

・10:57　第 21 非常駐車帯の電話による通報

・10:58　同非常駐車帯の消火器取り出される（警報）

・被害状況

救急車 2 台、大型車 23 台、小型車 10 台、オートバイ 1 台焼失

犠牲者 38 名（車両内 29 名、車両外 9 名）、そのほか消防士 1 名

一酸化炭素や様々な燃焼物によって窒息死した模様

・交通状況

9:00～10:00 のトンネル交通量

フランス→イタリア　163 台（内 85 台大型車）

イタリア→フランス　140 台（内 73 台大型車）

（2）火災通報後、避難誘導

・警報発令後 2 分間：警報処理センターは、10:58:30 にシャモニー中央救助センターに警報を伝達

・救助隊は、11:02 に出発し、11:10 にトンネルに到着

・特別応援車両についても、12:30 頃出動要請

・ATMB は、利用者に関して警報時に正確な情報を提供できなかった（煙の発生で、カメラで監視できなかった）

トンネル内には、非常駐車帯の 2 つに 1 つ待避所（600m ごと）が設置

・10:57　ATMB の小型ポンプ車（4 乗員）、続いて救助車(2 乗員)がトンネルに入る。2 台の車両は、第 17 非常駐車帯で動けなくなった。（7 時間、有毒ガスと高温から ATMB 職員を守る）

・第 24 待避所では、SITMB 職員 1 名を含む 2 名が死亡（50 時間燃え続けた）

・フランスのオートバイ隊員が、火災直後トンネルに入り、困難ではあったが火災の 6～7m まで近づくことができた。（よく訓練され十分に装備された救助隊が警報発令後にトンネルに入れば、炎上したトラックへの直接の消火活動を試みることができたかもしれない。消防隊が到着までかかった時間（15～20 分程度）では、そのような活動はできなかった。）

（3）換気と排煙

設備の構造；

・換気：車道の下のダクトを使用。トンネル両方の入口にある換気所からトンネルに向かって対称的に設置された４本の換気ダクトによって、トンネル中央までの４区間（各 1,450m）に新鮮な空気が送られる。イタリア―フランス方向の側壁の下に 10m 毎に開かれた吹出口から吹き出される。各換気ダクトは、75m^3/s 相当の新鮮な空気を送ることができる。

・排煙：５本のダクト（排気用、排煙用）　各非常駐車帯の吸込口からトンネル半分について、150m^3/s の空気を排気することができる。排気口は、フランス―イタリア双方向の側に 300m 毎に設けられている。

運転状況；

・フランス側　４本のダクトの内、３本フル稼働　１本は 3/4 稼働

・イタリア側　４本のダクト、段階的に 3/3 まで作動

火災の初期段階において；

・トンネル両サイドの不均衡な換気（イタリア側では給気が多すぎ、フランス側では排気のみ）

・煙がフランス側に流れ、火災トラック後方に停止していた車両を襲う

・一般的には、火災時の排気は火災エリアで最大で行う必要があるが、イタリア側オペレータは反対に最大レベルで空気を供給していた

（4）トンネル内設備

・非常用待避所（300m 毎）

・シェルター（600m 毎、35m^2 で 45 人を収容できる）

・非常電話（300m 毎、非常用隔室内）

・消火器（100m 毎）

・CCTV（40 台のカメラ）と４人ずつのチームが 24 時間勤務で監視

・換気・排煙システムは、２個所（換気能力は毎秒 600m^3 以上）

（5）トンネル利用状況

1998 年の交通量は 170 万台を超える。そのうち、76 万台以上がトラック。(5000 台/日、うち 2000 台/日がトラック）　1965 年に開通して以来、延べ 4700 万台を超える通過交通。

（6）事故後に整理されたこと

事故後の課題として整理されたことは、

・火災通報後７分間も通行止めの処置が取られなかった。

・十分な酸素マスクが備えられていなかった。またこのマスクは 20 分しかもたなかった。

・２台の緊急用通報機が不通だった。

・黒煙のため、監視カメラはすべて「盲目状態」であった。

・シェルターは、2時間を過ぎるとるつぼ状態になった。

また、運用のあり方が問われた。フランスとイタリアの運用のまずさや換気排煙システムの不備があった。

(7) フランス当局の報告[1]

1999年7月8日に、フランス当局の公式報告書が発表された。そこからポイントを以下に示す。

・トンネルの両側入口を管理している技術者が火災の通報を受けた場合には、先に情報を受けた方（情報源がイタリア側、フランス側のいずれかであるにかかわらず）がとられるべき緊急対策の指揮をとることが規定されている。1999年3月24日の事故の際には、これが実行されなかった。

・今後かかる事態の再発を防止するためには、どちらかの入口に、総合管理センターを1個所だけ置き、もう一方の入口には、救護用機材を常備した消防署を置くべきである。

・同一目的のために、火災発生を探知し、位置を特定できるコンピュータ採用方式の監督管理システムを設置すべきである。さらに、このシステムは全てのデータを受信し記録すると共に、とるべき対策をも提示すべきであろう。

・報告書によれば、車中に残っていた犠牲者たちは、火災発生後10〜15分以内に窒息死している。燃えているトラックから、一酸化炭素、シアン化水素等の有毒ガスが発生した。

・報告書の専門家たちは、別のタイプの換気システムでも、犠牲者を減らしえたか否かは不明であると認めている。しかし、煙だけを吸い出す代わりに新鮮な空気を送り込む方式が、火災に悪い影響をもたらしたことは明らかである。

・警報や消防隊その他の救助隊の対応時間の遅れは、当然起こり得る事態と考えることができる。しかしながら、情報の流れと協力体制の実地経験が不足していたために、緊急介入のための共通の戦略をとることができなかった。

・将来、トンネルの安全対策責任者は、安全と緊急時の処置に関する規則を完璧に遵守し、遂行することを学ばねばならない。この訓練は、フランス及びイタリア両国側の消防隊や、その他の救難隊員の合同演習と理論的学習によって行われる。合同演習は、定期的に繰り返し行われるべきである。

・トンネルのそれぞれの入口に、同一人数で同一の装備を持つ専属の救助隊を置かねばならない。さらに、専属の救助隊の隊員たちは、トンネル内のどこで事故が発生しても、5分以内で現場に到着できるように訓練されていなければならない。ほかにもいくつかある地元の救助隊に、それぞれ最善の行動をとらせるために、当事国双方に共通する単一の行動計画を立案せねばならない。行動計画には、年1回のトンネル閉鎖を含む防災訓練を盛り込むべきである。

・他の幾つかの勧告は、モンブラントンネルを通過するトラックに関する規則法規を対象としている。

・報告書の執筆者たちは、イタリア及びフランスのトンネル管理当局に批判を浴びせている。トンネルの保安設備投資に関する協力が欠如しており、両国間で同時に設備投資が行われたこともなく、同一装備品の調査もされていなかったという。

・最優先すべき課題は、唯一のトンネル管理機関を設立し、保安規則の遵守と、規則を最新の、現状に即したものに随時改正していく責任と権限を持たせることである。実は、既にモンブラントンネル計画時に、イタリア、フランス両国間で締結された1953年3月14日の契約書の中に、この様な主旨を述べた部分が有った。

・報告書の執筆者たちは、トンネルの管理並びに保安対策を管轄している既存の政府間委員会にも矛先を向け、「委員会は、その職責を十分に果たすには、困難な問題を抱えているように見える」と、手厳しく批判している。

・モンブラントンネル内で過去に何件かの事故が発生したが、状況の分析が行われた例は、ある委員会の会合で状況分析が要請されたにもかかわらず皆無である。救助隊がフランス側入り口に配置されているだけで、イタリア側に配置されていない点も指摘されている。

・報告書の執筆者たちは、フランス、イタリア両国境を通る全てのトンネル（モンブラン、フレジウス及びタンド）を管轄する、本当の決定権を持つ新たな政府間委員会の制度化を提案している。ユーロトンネルと同様に、この委員会には技術者グループを含めなければならない。この委員会は、トンネル内の安全に関するあらゆる問題を処理する権限を持たなければならない。

参考文献

(1) SE（SAFETY　ENGINEERING）106号 P1～P8　1999

3.2　タウエルントンネル（Tauern tunnel）火災事故（1999年5月29日）[2]

タウエルントンネルは、オーストリア中央部を横断して、イタリア及びスロベニアとの国境に近いフィラッハから北上しザルツブルグに至る全長6.4kmのトンネルで、その20㎞南には全長4.5㎞のカッチュベルクトンネル（Katschberg tunnel）がある。2つのトンネルの間には料金所があり、そこでは車の検査と安全性をチェックしている。

この自動車道はアルプスを横断する最重要幹線の1つであり、通行車両は平均15,000台/日であり、その19%はトラックである。

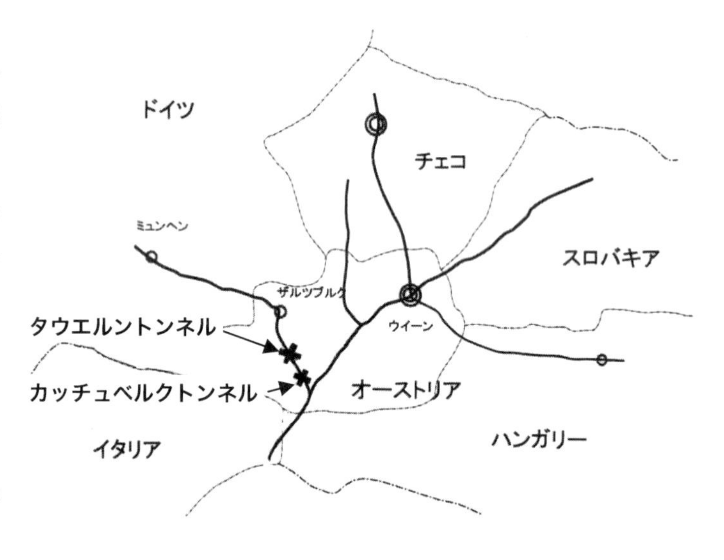

図1.18　トンネルの位置

(1) 事故状況

トンネル内面（コンクリート）補修工事のため、トンネル内に信号機を設け、一部区間では一車線交互通行していた。信号待ちの渋滞列に大型トラックが追突、2 台の乗用車をその前方に止まっていたトラックの下に押し込む。瞬時にガソリン爆発。この追突事故で 8 人死亡、2 人逃げ遅れた。また、自動車に座ったままで、CO 中毒で死亡、トラックの運転手が逃げる中で CO 中毒で死亡。

事故は、5 月 29 日（土）午前 5：00 ころ発生した。当日はいつもより混雑していた。火災発生して 15 分間はトンネル内が見える状態であった。しかし、本事故で、12 人が死亡、49 人が怪我、16 台のトラックと 24 台の自家用車が燃えた。

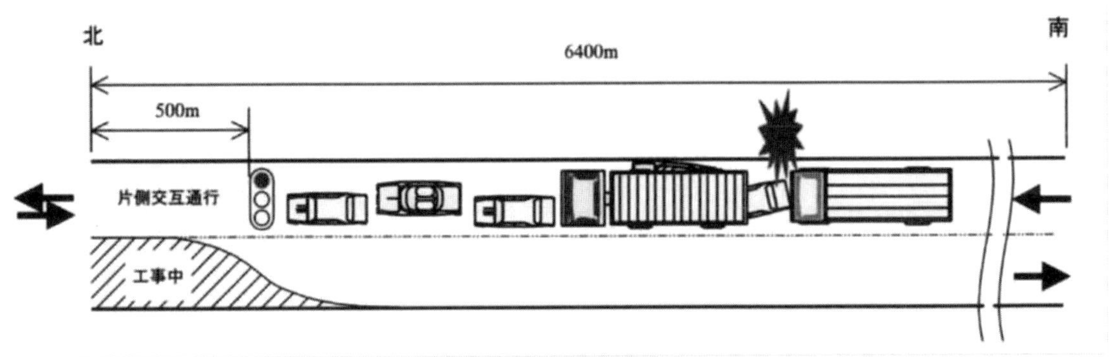

図 1.19　事故状況

(2) 管理者の対応

火災発生の情報板はすぐに制御した。換気制御は、通常プログラム制御であるが、火災の発生後、早期に非常制御（排煙制御）に切り替えられた。南出口の事務所には、すべての映像が送られていた。24 時間監視している。オンラインで警察にも映像が送られている。今回、ラッキーだったのは、歩いて 10 分のところに技術者がおり、自分の責任で、換気自動制御を非常制御（排煙制御）に切り替えたことである。

・消火設備

210m置きに消火栓が設置。高圧給水口は設けられていた。ケーブル類は燃えておらず、排煙制御も運転継続していた。

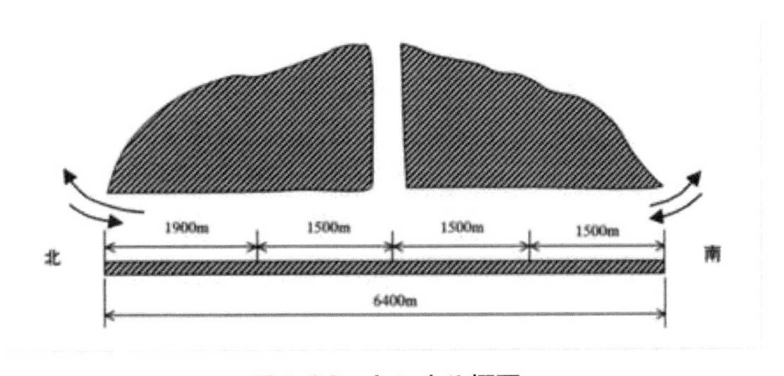

図 1.20　トンネル概要

(3) その他

・水噴霧について

スプリンクラはつけていない。過去に実験したが成功しなかった。

・泡消火について

泡の種類は、その対象の材料によって異なる。専門家が必要。

・修復作業

天井は350m、作り直し。修理費は保険で賄う。

修理　　　：8000万シリング（8億円、10円/シリングとして）

改良　　　：3000万シリング（3億円）

料金未収入　：2億シリング　　（20億円）

・事故での教訓

15～20分が勝負。いかに早く火災を検出するか。排煙制御が重要なポイントである。今後、煙の制御に関する研究を進める。道路管理者にすべてを押し付けるのは問題である。基本的には、交通事故問題であり、ドライバにも責任がある。トンネルは、統計上、事故発生率は最も低い。

・車の安全対策

オーストリアの問題であるが、東ヨーロッパの車は非常に古い型の車であったり、過酷な労働条件に伴う居眠りとか課題が多い。

・オーストリアは、インフラ、特にトンネルについて最大限投資してきた。対外的には自信をもって主張できる。しかし、100%の安全はありえない。リスクマネージメントが重要だ。だが、社会的にはその説明ができない。

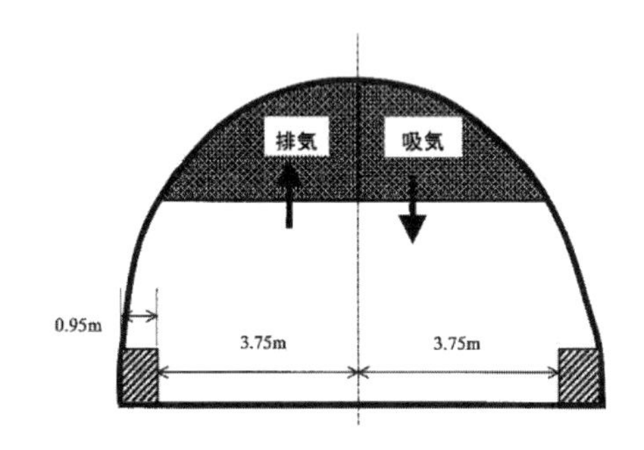

図1.21　トンネル断面

注記

(2) 本内容は、1999年12月3日に、オーストリア連邦経済相道路保守担当のDr.Breyer氏とトンネルを専門とするMr.Hohan氏に直接お聞きしたものである。

3.3　ゴットハルトトンネル事故（2001年10月24日）[3]

（1）事故の概要

スイス南部にある全長16,918mの道路トンネル、ゴットハルトトンネル（Gotthard tunnel）内で、2001年10月24日（水）、午前9時45分、トンネルの南出入り口から約1㎞地点で、トラック2台が正面衝突、炎上した。トラックに積載していたタイヤに火が回ったことからトンネルが煙突と化して黒煙が走り、火は300mにわたって燃え広がった。

死亡者は11名で、トラック13台、小型貨物車4台、乗用車6台が事故に巻き込まれた。

1999年のモンブラントンネル事故以来、トンネルが閉鎖されているため、ゴットハルト道路の交通量が大幅に増加し、事故発生直前の時点で、19,000台／日の車両が通行していた。

(2) トンネルの概況

表 3.1 に概況を示す。

(3) ゴットハルトトンネルの危険物輸送規制

危険物輸送における規制は、国連勧告及び ADR（欧州国際間危険物道路輸送に関する合意書）を踏まえ、スイスにおける規則である SDR（スイス危険物道路輸送規則）に従っている。

たとえば、引火点 55℃以上の軽油などは自由走行で、21～55℃の灯油等は容器当たりの最大容積を設定している。土曜日、日曜日・祝日の通行は禁じている。

また禁止物質については、冬季には峠が閉鎖されるため、毎週水曜日の朝 9 時に限り、危険物輸送車両の通行を認めている。これは、トンネルの南側に化学工場があり、どうしても必要な原料を運ぶため、特別に通行を許可している。

この場合には、坑口の消防隊は緊急体制に入り、TV モニタで監視を行う。これらの実費を賄うために、許可通行の場合は 350 スイスフランの費用を徴収する。

表 1.16　ゴットハルトトンネルの概況

項　目			内　容
流通の位置づけと概況（完成年月日）			1. ヨーロッパアルプスの中心にあり世界で2番目の長さの道路トンネル 2. 通過交通は鉄道へのシフト指向のもとで、トンネル規制に基づきエスコートなしで危険物の通行を実施している 3. 交通量が多く防災設備もかなり重装備である 4. 1980年9月完成
場所・形態	場所		スイス・Tieino 州 Airolo(海抜 1,145m)・Uri 州　Goschene(海抜 1,081m)
	形態（形式）		山岳　　長大トンネル
トンネル構造	長さ、幅、高さ		16,918m、7.8m、4.5m
	通行方式等		対面通行（片側一車線）、勾配　南から北：0.3%　　北から南：1.4%
適応法規（直接的関係法規）			ゴットハルトトンネル運送規則
全交通量（台/年）			590万台/年・1993年（内　トラック91万台/年）
事故	14年間の全事故		452件　内死亡12件（1980～1993年）
	1993年		39件　内死亡2件
引火性液体の対応			引火点21℃以下　　：通行禁止（洗浄されていない空車を含む） 引火点21～55℃以下：250 リットルの容器ならば 28 トン重量まで通行可 引火点55℃以上　　：制限なし
危険物車両通行時の表示			ADR対応オレンジカード装着
緊急時対応設備	緊急電話		125m間隔（64個のシェルター内 SOSBOX に設置）
	火災報知器		125m間隔　煙と温度検知方式
	その他		1. ランプ：14,000個、2. トンネルライト：250m毎
	監視設備		モニタ TV（トンネル内に85台）
	消火器		64個のシェルター内 SOSBOX に設置
	消火栓		125m間隔（湧水利用:常時600トン）
	スプリンクラー		なし
	緊急車両		両坑口に2台の消防車待機、化学専門消防隊が常駐 装備：放水銃、酸素呼吸器、ガス切断機、油圧ジョッキ、消火器、工具、ホース等
避難設備	避難通路		1. 走行車線に沿った断面積 $8m^2$ の緊急道路があり、64個所より出られる 2. 換気圧力+3mb で加圧し、煙の侵入を防止している
	緊急駐車スペース		1. 路肩が比較的広い 2. 64個のシェルター前に駐車スペース的エリアがある
環境保全	換気設備		横流換気方式（4本の立坑方式）　　＊断面上部に換気、排気装置 ＊換気口：22個、センター：6個、シャフト：5個
	CO 濃度		規制濃度：300ppm　（空気汚染測定器　27個所に設置）
	その他		視界測定器を14個所に設置
運営管理	通行許可	担当	本来は警察であるが、トンネル会社が代理実施を許可されている
		具体的運用	1. 当該車両の運転車がコントロール室へ電話にて通行許可を依頼 2. コントール室のコンピュータにてデータリストを参照して目視検査チェック
	運用管理	担当	トンネル会社
		具体的運用	1. トンネル運送規則に基づき実施、2. 制限速度：80 ㎞/h、3. 車間距離：100m 4. コントロール室の TV カメラで監視
		その他	特別許可が必要な場合は、電話で通行許可依頼を受けた後、検査し許可（違反の場合は罰金）

参考文献

(3) SE　118　2002　P19~P22

3.4 フレジウストンネル火災事故（2005年6月4日）[4]

（1）事故の概要

フレジウストンネル（1980年7月開通）は、リヨンとトリノを結ぶ幹線道路にあり、アルプス山脈を貫通するトンネルである。フランス・イタリア国間の道路を走る車の約8割がここを通ると言われる、全長12.87㎞のトンネルである。

2005年6月4日（土)、このトンネルでトラック数台が炎上する火災事故があり、トンネルが午後6時45分に閉鎖された。原因は、フランス側から進入したトラックのオイルの過熱と想定され、入り口から約5㎞進むまでに発火した。

事故車の運転手は直ちに車を離れ、“SOSBOX”から事故を通報した後、後続車に手信号で危険を知らせた。また、2人のトラック運転手が非常口の間近までたどり着きながら煙に巻かれて窒息死した。一般市民12人と消防士5人が病院で手当てを受けた。

39人もの犠牲者を出したモンブラントンネルと比べて死者が少なかったのは、トンネルの安全性が改善されたことに加え、フランス・イタリア両国の消火・救援隊の体制改善による。

（2）モンブラン事故（1999年3月）後のフレジウストンネル改修

フレジウストンネルは片側1車線ずつ、直径9mの単管式であり、モンブラントンネルに隣接している。このため、1999年の火災事故でモンブラントンネルが閉鎖されて以来、平均交通量が2倍以上に増加した。修理を終えたモンブラントンネルが2002年に再開されたが、フレジウストンネルの交通量はほとんど減少しなかった。両方向に5,800台／日（ピーク時6,500台／日）　しかも、モンブラントンネル事故後に当局の規制が強化された。たとえば、トラック等の重量車両は1方向につき毎時220台しか、通行が許可されなくなった。

トラックは70㎞/hを超える速度での走行が禁止。走行中は150m以上の車間距離、停車中でも最小車間距離は100mである。そのうえ、2002年12月以降、車齢が10年を超えるトラックは、通行できなくなった。

このように強化された規制の下で交通状態を整理するために、トラック専用の待機エリアが設けられた。フランス側のエトンにある待機エリアでは、180台の通行許可待ちトラックを止めることができる。

（3）安全なトンネル

モンブラントンネルの事故から1年の間に、300mより長いトンネルの安全に関する基準が見直されることになり、フランスではリヨン市にあるCetu（トンネル研究センター）を中心に作業が進められている。都市外の双方向トンネルの安全設備の一例を示す。

・200m毎にSOSBOXが設置（電話機と消火器が設置）
・複数の交通信号機（3色）
・照明灯（合計3,000基）
・排煙坑
・警察から情報と指示のための情報板
・ハーフバリア（800m毎に設置）
・送気用補助ポンプ
・標示板（800m毎）
・車間距離（走行中は150m、停車時は100m）
・事故検出用のカメラ設置（100m毎、トンネル内交通のあらゆる異常を検出）
・換気口（10m毎）
・排煙用坑道
・非常出口（400m毎、都市内トンネルは200m毎）
・避難用坑道（側道）
・温度記録ケーブル（火災検知用であり、トンネル全長にわたって設置）
・非常駐車帯（各車線右側800m毎）

フランス国内には全長300mを超えるトンネルは100個所あるが、そのうち55個所は地方自治体の管轄下にあるが、国境を横断するため隣接国との協約のもとにおかれている。それらのすべてのトンネルを新しい基準に適用する目的で2002年1月にフランス国内で新法が公示され、2004年の欧州指令による告示後、政令によって発行した。

（4）既存トンネル改修に伴う困難

既存の道路トンネルを新しい基準にあわせ、避難路の新設、標識等の改良を実施するためには多大の工事費が必要である。過去4年間にフランス国内で道路トンネルの安全性を高めるために投じられた費用は、6億6,300万ユーロ（900億円余り）に達する。

参考文献

（4）SE　139　P7~12　2006

3.5　欧州のトンネル火災事故に学んだこと

欧州のトンネル火災事故や日本の日本坂トンネル火災事故で、共通に指摘されているのは、

・現場状況の把握

・進入禁止処置と初期消火の支援

・消防への出動要請と状況通知

・現場での避難誘導

である。またモンブラントンネルでは運用上のミスもあり、体制の在り方や訓練の必要性が再認識された。

(1) トンネル火災とリスク

日本坂トンネル火災事故と欧州の3つの火災事故には教えられることが多いが、2001年4月号の"高速道路と自動車"に掲載された報告が非常に参考となるので、その中からいくつか紹介する。著者は、モンブラントンネル安全委員会委員長であり、元設備省トンネル中央研究所長のM.マレク氏である。

・道路トンネルは、明かり部の道路に対して、統計的には全く危険ではない。しかし、極めて稀なことではあるがトンネルにおいては非常に大規模で破滅的な火災が起こる可能性がある。

　たとえば、首都高速道路において、毎年一度程はトンネルで火災事故が発生している。しかし、少なくともこの40年間、小さな火災事故で済んだ。もし、大型車の火災事故が発生していたら、悲劇が起こっていた。2008年の板橋熊野JCにおけるタンクローリ横転火災事故のことを思えば、トンネルで大型車の火災事故の発生可能性を誰も否定できないであろう。

・大型トラック事故の内、危険物が関わってくる割合は小さい。

　5%×1/4×50%≒0.6%

　(大型車の運搬物の5%が危険物にあたり、その大型車が他の大型車に比べて事故を引き起こす割合は1/4、さらに危険物を運搬しているトラックが事故を起こした際に、それに危険物が関わるのは50%。)

　モンブランの事故では、大型車の運搬物は小麦粉でありマーガリンであった。

・1945年以降、世界で起こった14件の重大火災事故で、少なくとも1台の大型トラックもしくはバスが関わらない重大事故は確認されていない。いかなる重大事故も、乗用車のみによっては決して引き起こされていない。(この論文の発表以降に発生した、2つの重大火災事故でも同様である。表1.17)

　また、車両衝突による重大事故は、短いトンネルでも長いトンネルでも発生しうる(Isola delle Femmineトンネルは延長148mで、死亡者5人、負傷者10人、損壊車両20台であった)。

表 1.17 世界の重大火災事故

危険物を伴わない火災事故

年	トンネル	長さ	死者	備考
1978	Velsen, Netherlands	770m	5	
1983	Pecorile, Savone,Italy	600m	8	
1983	L'Arme,Nice, France	1,105m	3	
1987	Gumefens,Bern, Switzerland	340m	2	
1993	Serra Ripoli, Italy	442m	4	
1994	Huguenot, South Africa	3,914m	1	
1995	Pfander, Austria	6,719m	3	
1999	Mont Blan, France/Italy	11,600m	39	
2001	Gottard Tunnel, Switzerland	16,700m	11	
2005	Frejus, France/Italy	12,870m	2	

危険物を伴った火災事故

年	トンネル	長さ	死者	備考
1979	日本坂トンネル、日本	2,045m	7	衝突、エーテル
1980	梶原トンネル、日本	740m	1	衝突、ペイント
1982	Caldecott, Oakland, USA	1,028m	7	衝突、ベンジン
1996	Isola delle Femmine, Italy	148m	5	衝突、LPG、BLEVE
1999	Tauern, Austria	6,400m	12	衝突、ペイント/ラッカー

日本坂トンネル火災事故も、大型車４台を含む火災事故であった。しかし、大型車に注目する視点はなかった。

(2) リスクとする火災規模

欧州の検討のなかでは、そのリスクとする火災規模は 30MW と想定している。*

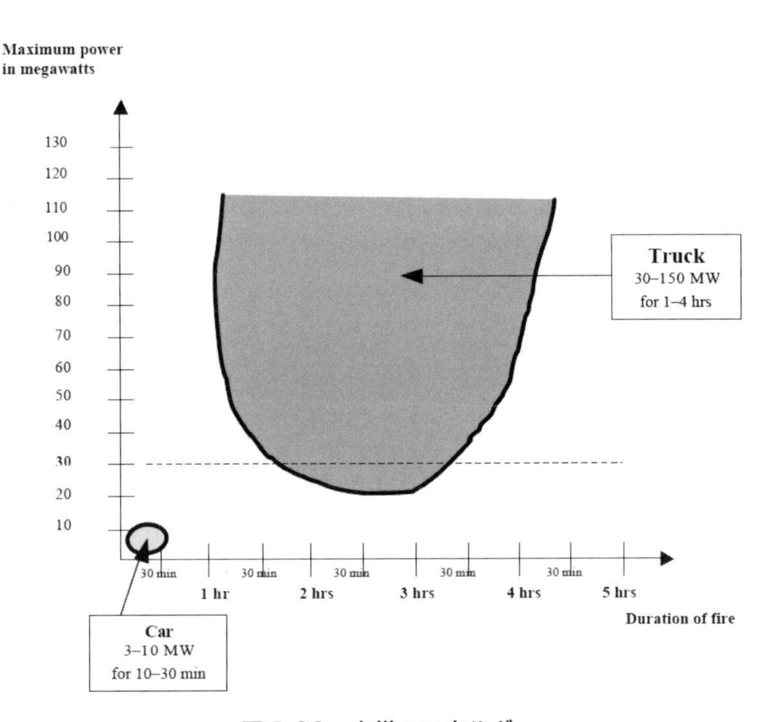

図 1.22　火災のエネルギー

* Recommendations of The Group of Experts On Safety In Road Tunnels Final Report TRANS/AC.7/9 10 Dec.2001 Page19/59

注記：30MW のエネルギー

このエネルギーをイメージするための資料として

・年 1 回の防災訓練で、トンネル内で、ガソリン 2ℓ を燃やしているが、その火皿の大きさは、0.7×0.7 m＝0.49m^2　（これは火災検知器の性能評価に際し、用いているエネルギー量でもある）

・9m^2 火皿実験は、大型バス 1 台当たりの火災規模であり、20MW に相当する[5]。

この 2 つのデータから想定すると、30MW のエネルギーとは、バス火災の 1.5 倍。防災訓練の火皿の 18 倍がバス相当であり、30MW は 27 倍相当である。

エネルギーの大きさは、消火できるか、避難できるか、そしてトンネル構造物を守れるかということに直結する。

このような火災では、避難行動に与えられる時間は約 10 分間である。消防隊が現場に到着するのは、それ以降と想定されるため、道路管理者が、この 10 分間で何ができるか、それが課題となる。この視点も、日本坂トンネンル火災事故ではなかった。欧州で発生した 4 つの火災事故後に初めて提起された課題である。

10 分の重要性から

・事故や火災をいかに早く検出・確認できるか

・ドライバが、自分で消火できるか（泡消火栓を使った消火作業）

　その場合のドライバ支援

・避難誘導に関して何らかの支援ができるか

・CCTV が煙で見えなくなった時、現場状況推測手段

センサや中央システム等、様々な対応をしているが、大規模トンネル火災では無力となる。

近年、30MW の火災事故事例はない。あるのは、乗用車等の火災である。この場合は、どうなのか。次の表 1.18 は、そのような視点から整理したものである。

火災レベル A の場合が、大型車を含まない火災の場合である。世界で、大惨事に至った火災事故は、火災レベル B である。

運用者（道路管理者）は、この差異を理解した上で、運用・管理する必要がある。レベル B の時には、どう対処するか、その訓練も必要である。

表 1.18　リスク対象の火災レベル

火災レベル		消火作業の可否 (システム有効性の有無)	避難の可否
A	乗用車等の火災で、大型車を含まない	水噴霧等消火作業有効 システム有効	規模にもよるが、避難誘導の可能性あり
B	大型車を含む火災	発災直後の消火作業のみ有効	発災後、10 分間のみ許される

注：水噴霧の有効性については、雰囲気温度を下げ、消火・避難活動を助けるという意味合いでもある。

参考文献

(5) 第二東名高速道路　清水第三トンネルにおける火災実験　竹圀・下田　高速道路と自動車　第 44 巻　第 6 号　2001 年 6 月

入札制度の変化

平成17年（2005年）に道路管理者は民営化した。民営化と同時に行われたことが、全ての工事件名のコストを30%カットするという行為である。これは、国土交通省からの指示で、強引に行われたことではあるが、システムメーカだけでなく、保守メンテ業者、工事業者も対象であり、その影響はじわりじわりと効いてきたというのが実感である。3年で30%コストダウンというならわかるが、突然にカットせよというのは具体的モノづくりに関与したことのない人が考えたのであろう。

ETCシステム整備のための発注が民営化の5年前、そのときに起きたことが、半値八掛けというシステム入札であった。国土交通省による30%カットの件もあり、道路管理者は、コスト削減の方を選んだ。それから、20年になる。どうなったか！　この事実を技術者は、十分に知る必要がある。その上で、技術者として、自分の仕事の仕方を考えないといけない。

・システム入札は、ほとんどコストで決定。

・システム製作は、発注仕様書通りに行う。

後者の意味は、おかしな点に気付いても、入札後に、仕様を変更してもらう形で対処する。又はシステム引き渡し後更新する。メーカは、受注するためにコストの妥当性を無視して対応している。それが可能な会社のみが応札する形になってしまった。

結果的に対象とするシステムについて十分なる知識・経験を必ずしも問わない形になったのではないかと危惧する。半値八掛けをしたメーカは、その後も続いてきた。そのような応札したメーカが悪い。しかし、発注者も同罪である。この流れを容認してきた。

第２章　システム設計とシステム構築

本章は、第１章を受け、発注者（道路管理者）に視点を当て、システム設計とシステム構築（システム開発と移行・運用）の際にその立場で必要とされる内容について記す。

以下に述べるシステム設計及びシステム構築の記述内容は、ユーザ・ベンダ間の共通規範として策定された国際規格適合の「ソフトウエアライフサイクルプロセス　共通フレーム 2007（SLCP-JFC2007）」をベースに、プロジェクト管理（IPA19-T03）、システム管理・総合編（IPA56-T02）、システム開発管理・評価（IPA115-T01）等を踏まえている。

1　システム設計

安全で円滑な道路交通環境を提供するのが、道路管理者の使命であり、その運用（道路利用者へのサービス）を支援するのが様々なシステムである。

システムは、ソフトウエア・ハードウエアそして運用体制から定義される。また、システムは、保守体制とも切り離せない。保守体制は、システムの稼働を左右する大きな要素である。

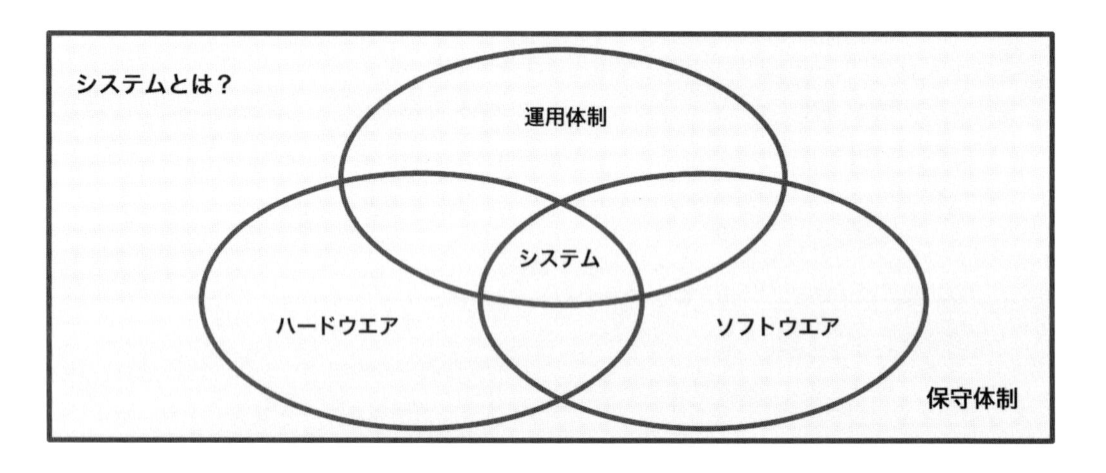

図 2.1　システムとは

システム設計とは、上記使命を実現する運用体制を前提としたソフトウエアとハードウエアを構築することである。運用（その体制）に見合ったソフトウエア・ハードウエアを構築することとも言える。

1.1　企画と設計のプロセス

1.1.1 システムの企画

システム開発作業は、図 2.2 に示すように経営環境、事業環境、現行業務・システム調査、技術動向調査などを受けた経営戦略、事業戦略、情報戦略等の中長期構想からスタートする。

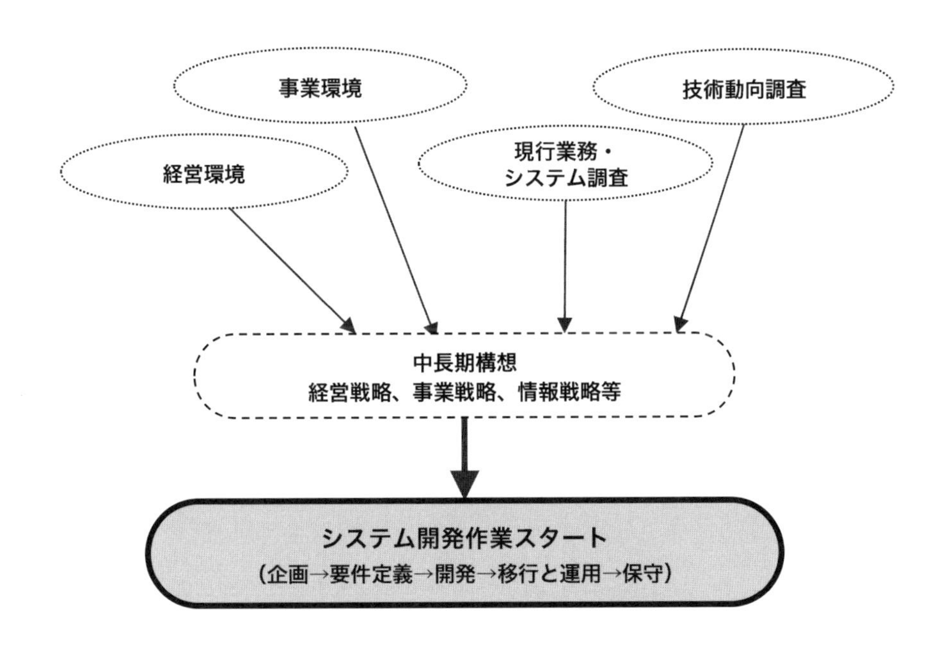

図 2.2　システム開発作業の始まり

システム開発作業は、企画 → 要件定義 → 開発 → 移行と運用 → 保守のような流れで進められる。図 2.3 は、システム開発の企画から開発までの発注者と外部との関係を示したものである。ここに示す、要件定義の検討は、「共通フレーム 2007」で強調されているものであり、今後のシステム開発の重要なテーマである。

以下に中長期構想を受けて、ベンダによる開発作業までの道路管理者内部（発注側職員）の業務について説明する。

システム開発作業で非常に重要なテーマである要件定義書の作成は、従来どおり受注者 1（以下コンサル）に依頼するが、その作成に必要な道路管理者による要件検討（結果として、コンサルへの要求仕様）が重要になる。

この要求仕様は、図 2.4 に示す事業要件、業務要件およびシステム要件定義に相当するものであり、図 2.3 の企画フェーズで検討される内容をベースに道路管理者自身が検討するものである。

企画フェーズでは、システム化構想とシステム化計画立案の２つの段階から構成される。

システム化構想は、中長期計画の段階で検討された事業要件の整理と業務要件に関する検討を行うもので、この作業は、業務部門によって行われる。

システム化計画立案は、情報システム部門が対象業務をシステム化するための検討であり、業務モデル、システム化機能、システム方式、計画、費用などを立案する。

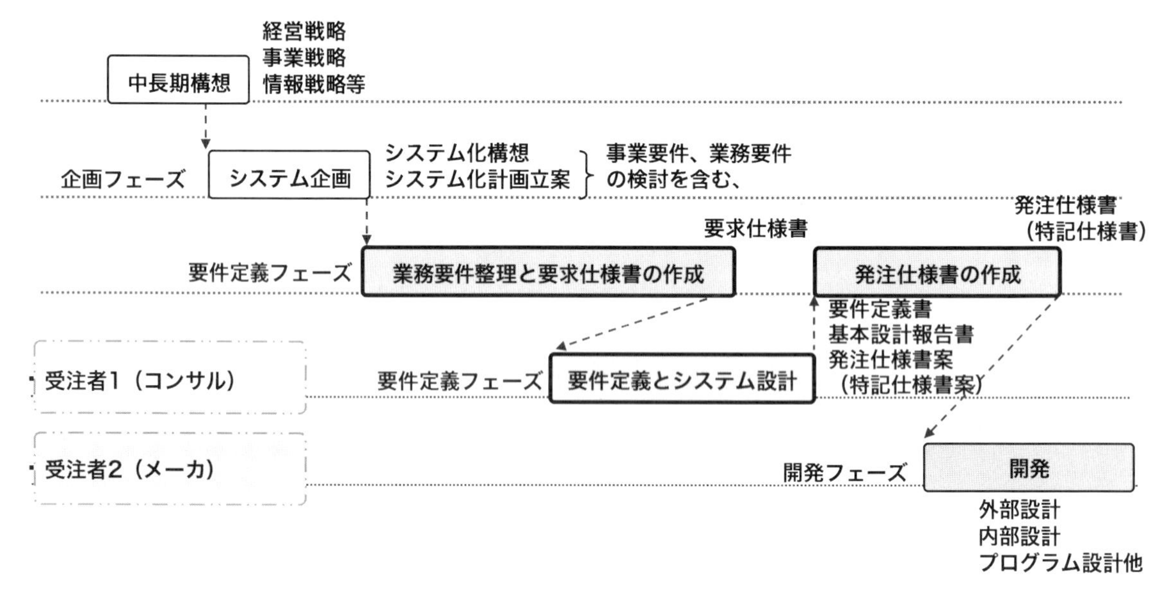

図 2.3　システム開発の企画から開発までの発注者と外部との関係

部署等/役割		要件の定義内容	
経営層	社長	事業定義	
	担当役員		
営業部	部門長		次行要件定義 (システム化構想の作成)
	業務推進担当		
	システム推進担当		
	関連会社		
業務部	部門長		
	業務維新担当		
	システム推進担当		
	関連会社		
システム技術部	部門長	システム要件定義 (システム化計画の立案)	
	システム開発担当		
	関連会社		

図 2.4　要件定義と各部署役割イメージ

要件定義フェーズでは、道路管理者の情報システム部門が企画フェーズで検討したシステム化構想とシステム化計画立案をベースに、要求仕様書の形にまとめ直し、専門家であるコンサルへ、道路管理者から提示する。受注したコンサルは、要求仕様を基にコンサルの立場で要件定義を行う。また、コンサルは、システムの基本設計と開発を受注者２（以下メーカ）に発注するための発注仕様書(案)／特記仕様書（案）の作成を行う。

過去に実施された発注仕様書を作成するプロセスには２つの段階があった。３年間の委員会で検討する段階と、その検討結果を経てコンサルが発注仕様書（案）を作成する段階である。

３年間近くの委員会というプロセス（学識者や主要なメーカ技術者も交えた検討プロセス）を実施しないのであれば、その委員会に代わる検討を道路管理者とコンサルによって行わなければ、旧来のようなシステム構築の精度は出ない。３年間の委員会は、テーマの技術課題の検討のほか、関係者の目的意識を共有化し、それ以降の作業を効率よく進める効果があった。(10年間ほど、委員会活動が中止されていたため、あえてコメントを)

WTOの発注方式に代わってから、公開入札制度が広く行き渡っているが、これを実施する前提としては、「発注仕様書どおりに、この価格で作ります」というものであり、発注仕様書に問題があれば、仕様の変更や追加仕様により工期延長というコストアップの要因に直結することになる。

道路管理者自身によるシステム企画の検討が重要なことと、要求仕様をもって要件定義の作業をコンサルに発注することが重要となる。要件定義の検討は、業務分析からシステム化への高度な技術と経験が要求されることもあり、コストも高くなるが、上流工程での作業をしっかり行わないと、開発の段階で必ず問題が発生し、工期延長やコストアップ、さらには動かないシステムとなる可能性が高くなる。

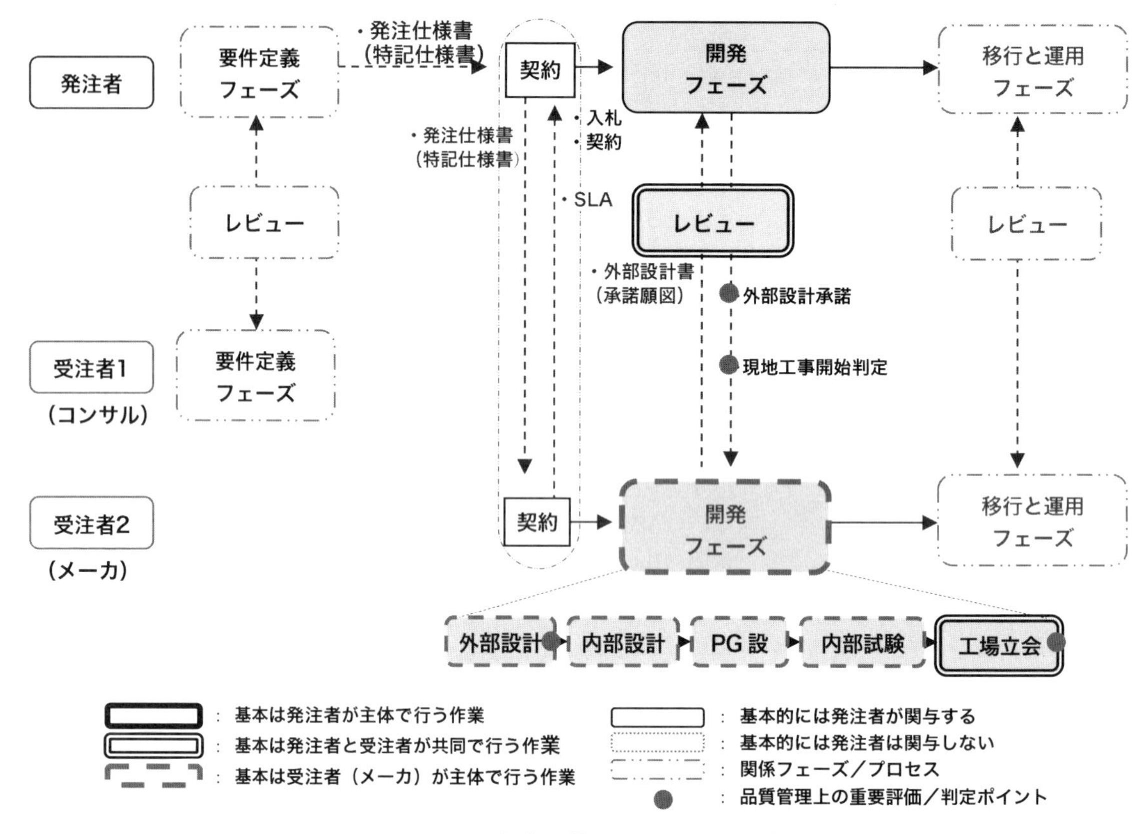

図 2.5　システム開発作業標準での開発フェーズの位置づけ

1.1.2　設計のプロセス

設計のプロセスは、図 2.5 に示すように、発注仕様書を作るフェーズと入札後のメーカとの開発を行うフェーズに分かれる。担当する部署も異なることが想定される。

1.2　要件定義

1.2.1　要件定義の概要

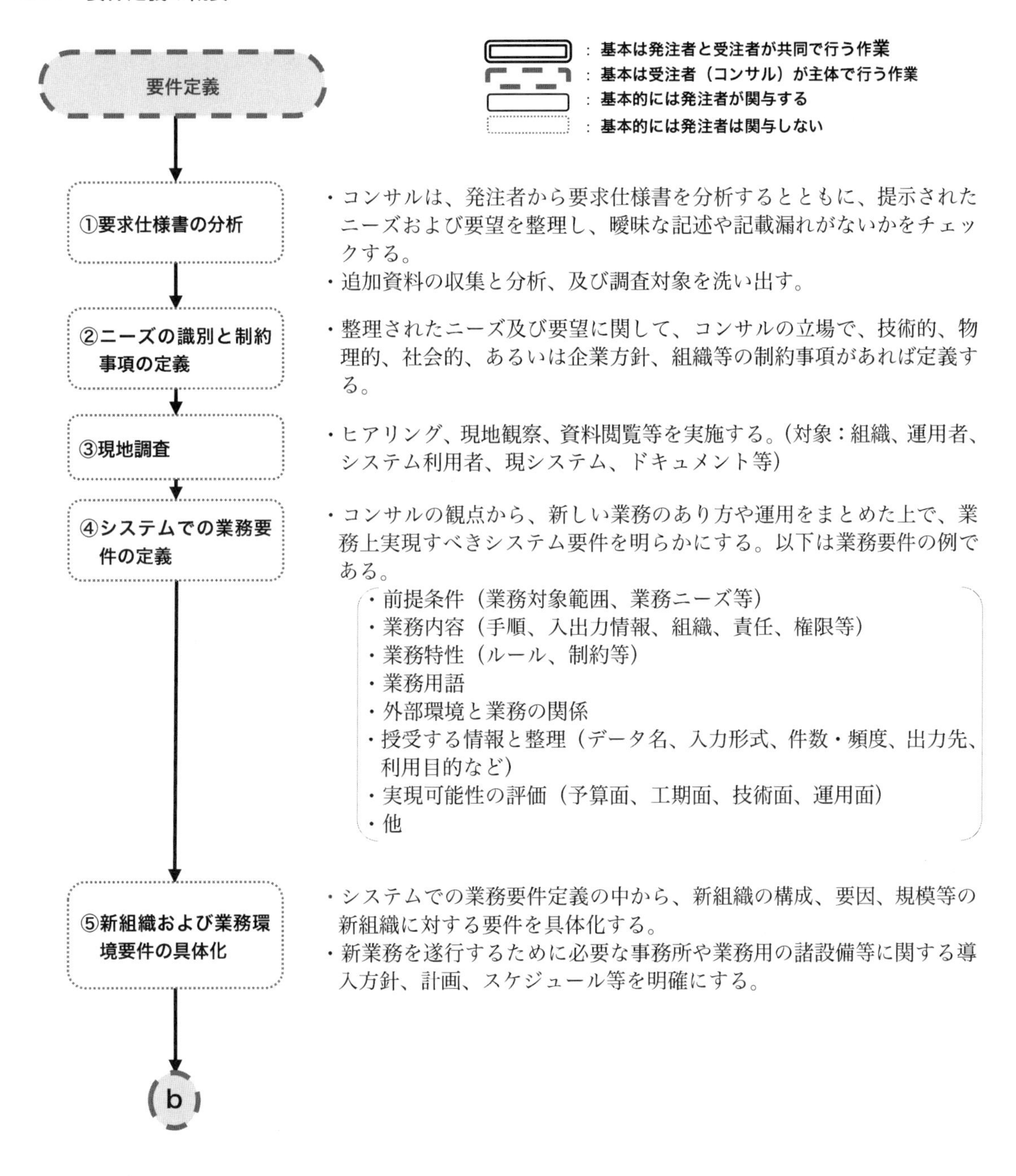

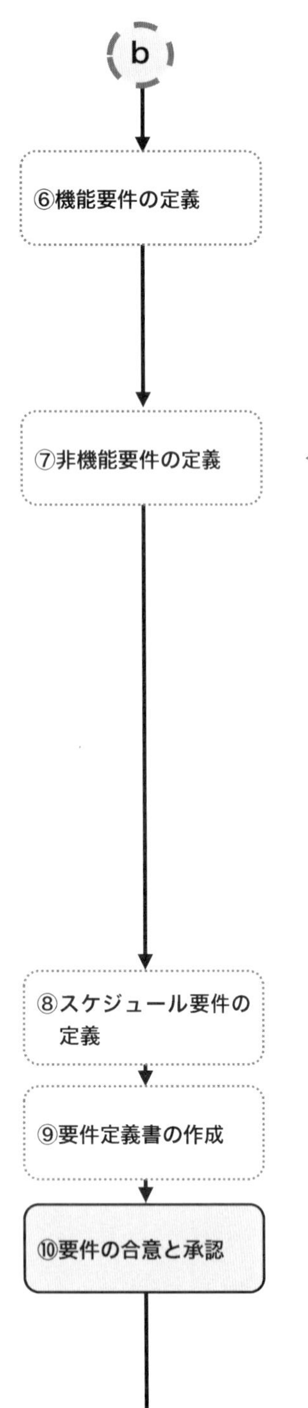

・業務要件定義で明確にしたシステム要件を実現するために必要なシステムの機能を明らかにする。
・具体的には、業務を構成する機能間の情報（データ）の流れを明確にし、対象となる人の作業及びシステム機能の実現範囲を定義する。
・システム利用者ニーズおよび要望をもとに、情報管理の観点、管理の単位、形式などを理解・分析する。
・他システムとの情報授受などのインタフェースを定義する。

・⑥定義で明確にした機能要件以外の要件（非機能要件）を明らかにする。
＜非機能要件の例＞

・品質要件
信頼性、使用性、効率性、保守性、移植性など
・技術要件
システム実現方法、システム構成、システム開発方式（言語等）、開発基準・標準、開発環境など
・運用・操作要件
システム作業手順、システム運用形態、システム運用スケジュール、システム監視方法・基準、障害復旧時間、災害対策、業務継続策、保存データ周期・量、エンドユーザ操作方法など
・移行要件
移行対象業務、移行対象ソフトウエア、移行対象ハードウエア、移行手順、移行時期など
・付帯作業
環境設定、端末展開作業、エンドユーザ教育、運用支援など

・定義した要件を実現するためのシステムの運用開始時期等、スケジュールに関する要件を定義する。

・システムの要件定義をドキュメント化する。

・この段階で一度、要件定義書のレビュー・承認を行う。
・システムの業務要件とシステムの機能要件（機能要件、非機能要件）の間の整合性の検証
・費用対効果や人、物、金、時間、制度などの制約条件に基づいた優先順位の明確化及び要件の取り下げを含む最適ソリューションを選択する。
・システム設計に必要な情報が記述されていることを確認する。
・ニーズ及び要求仕様書からみた要件定義の妥当性を確認する。

レビュー

要件定義フェーズ（基本設計）へ

以上の内容を１つにまとめたのが次表である。

表 2.1　要件定義

	大項目	小項目	内　容
1	要求仕様書	要求概要	目的、対象業務概要、背景・課題、基本方針
		基本要件	
		対象業務内容	
		新しい業務モデル	
		付帯機能・設備方針	
		スケジュール	
2	ニーズの識別と制約事項の定義		整理されたニーズ及び要望に関して、コンサルの立場で技術的、物理的、社会的、あるいは企業方針、組織等の制約事項の定義
3	現地調査		ヒアリング、現地視察、資料閲覧等を実施する。
4	システムでの業務要件の定義	前提条件	
		業務内容	
		業務特性	
		業務用語	
		外部環境と業務の関係	
		授受する情報と整理	
		実現可能性の評価	
5	新組織及び業務環境要件の具体化		
6	機能要件の定義	システム機能	
		実現範囲の明確化	
		ニーズ等の分析	
		インタフェース	
7	非機能要件の定義	品質要件	信頼性、使用性、効率性、保守性、移植性、過負荷への耐性
		技術要件	
		運用・操作要件	作業手順、運用形態、運用スケジュール、システム監視方法・規準、障害復旧時間、災害対策、業務継続策、保存データ周期・量、エンドユーザ操作方法など
		移行要件	
		付帯作業	
8	スケジュール要件の定義		
9	要件定義書の作成		
10	要件の合意と承認		

この表の中で、ハッチングした５の項目を取り上げ、次項に述べる。

1.2.2　要求仕様書

システムは、少なくとも 1979 年（日本坂トンネル火災事故）以降、いろいろと検討され更新され作られてきた。今の姿だけを見て理解するのではいけない。なぜ、そのように検討したか、その基本事項を十分に知る必要がある。

平成 27 年 3 月、都心環状線品川線が開通し、都市部地下トンネル約 18.2 ㎞の運用が始まった。道路トンネルとしては日本で一番長いもので、世界的に見てもノルウェーの Laerdal Tunnel(約 24.5 ㎞)に次ぐ世界 2 位の長さである。また、首都の地下トンネルであり、断面交通量も数万台／日である。その道路トンネルで火災事故が起こったならばどの様な状況になるかリスクについて考える必要がある。

日本坂トンネル火災事故、世界的にも注目されてきた欧州の 3 つの火災事故、その火災事故から何を学んできたか、まずはその内容を整理することが最初のポイントである。(火災事故の内容とそこから学ぶべきことは、第 1 章に記した。)

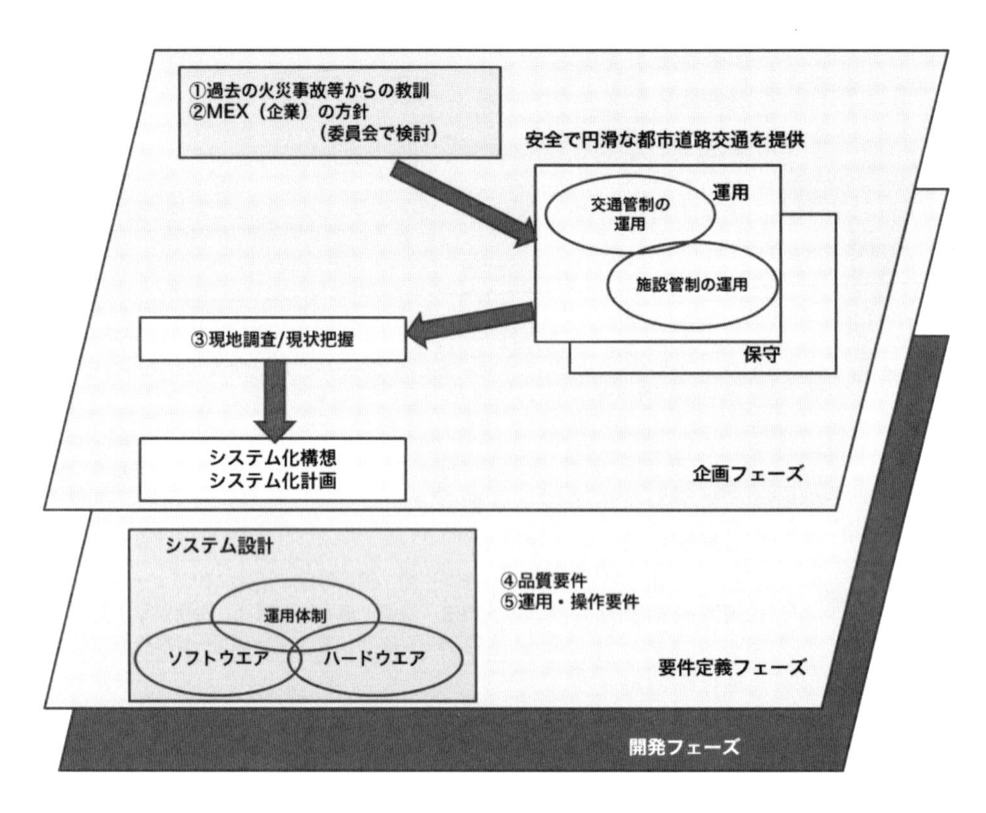

図 2.6　システム要件検討の視点

1.2.3　ニーズの識別と制約事項の定義

共通フレーム 2007 の言葉を使うと上記のようになるが、具体的には、対象のトンネルについてはどのように取り組むか、企業としての方針である。

通常、委員会等で、これらの点は十分に検討されていると思われるが、BCP を公に提示している今日、方針についても明示する必要があろう。

1.2.4　現地調査

システム設計、特に要件の整理の検討では、現地調査が重要である。システムの問題は、事故等に遭遇して初めて知るという場合が多いが、運用者がその問題を抱えている場合がある。それを十分にくみ取る必要がある。

システム設計において、現地調査ほど具体的な改善点等を示してくれるものはない。それこそ、外部（コンサル等）に発注し、その調査結果について議論検討を重ね設計に反映させるべきである。その内容は、次の３つが考えられる。

(1) 運用操作員からのヒアリング

運用操作員は、運用と保守の面から、システムを良く知っている。その方々の日常感じている課題を吸い上げる必要がある。この時の運用操作員とは、施設管制システムを運用操作している方々だけではない。交通管理運用（交通管制の運用と通常呼んでいる）している方々をも含むのである。

交通管理業務委託実施マニュアルと施設管制運用マニュアルと比較し読んでみると、若干の差異がある。非常時運用について、言葉の定義、操作の在り方など徹底して議論の上取り組むべき事柄であり、そのマニュアルに齟齬があってはならない。システム設計者が、定期的に、システムの見直し時に、ヒアリングし、マニュアルの確認をし、整備していくべきものである。

(2) 障害記録の調査検討

ヒアリングに対し、障害記録の分析も重要である。この分析が十分行われると、システムの課題は見えてくるであろう。過去３年、５年、最終的には 10 年間の障害記録を対象とすべきである。

あるレポート(1)に、次のような記述がある。「文字情報板の障害は、１年間で約 160 件発生している。その主な要因としては、電源回路、LED ユニット等のハードウエアに起因するものと、通信伝送の無応答といった通信ネットワークに起因するものとがある。」　約 160 件の内、1/3 は通信伝送の無応答らしい。その 50 数件の中で、もし火災時に制御するトンネル警報板があったら、どうなのであろうか？　基本的、重要な課題である。どこまで検討されているのであろうか。

参考文献

(1) 電気学会　技術報告書　第 1413 号　2017.11　P7

(3) 機器・システムの実稼働率の評価

運用・保守管理の記録から、システムや機器の実稼働の評価を行うと、具体的に見えてくる。システム構築会社の設計が良かったのか、保守会社の体制等が十分であったのか、それは実態の数字を把握することから始まる。

上記の3点については、3年毎に実施すべきと思われる。

1.2.5　機能要件の定義

前項に記した業務要件で明確にした業務要件を実現するために必要なシステムの機能を明らかにする。具体的には、業務を構成する機能間の情報（データ）の流れを明確にし、対象となる人の作業及びシステム機能の実現範囲を定義する。また、利用者のニーズ及び要望をもとに、情報管理の観点、管理の単位、形式などを理解し分析する。さらに他システムとの情報授受などのインタフェースを定義する。

この内容は、新規システムでない限り、容易に理解できると思われる。過去の事例、データより作成可能である。

1.2.6　非機能要件の定義

この内容は、機能要件以外の要件（非機能要件）を明らかにすることであり、次のようなものがある。品質要件、技術要件、運用・操作要件、移行要件、付帯作業等である。

これらの項目は、1980年代は、メーカの独自性を発揮するポイントであった。SEが対象とするシステムを検討し、何よりも注視すべき点を提案し、他社との差別化を図ったものである。

ところが、SEC（独立行政法人　情報処理開発機構）が中心となり、共通フレーム2007から始まり、“非機能要求の見える化と確認の手段を実現する「非機能要求グレード」の公開～システム基盤における非機能要求の見える化ツール～”等が公開され、2009年には“重要インフラ情報システム信頼性研究会報告書”まで公開された。

日本においては2000年問題をはじめとするソフトウエア障害問題が数多く発生し、また世界的にも、システム開発の在り方が問われてきた流れがあるものと思われる。

ここでは、あえて注視すべき項目として、品質要件と運用・操作要件を取り上げる。

(1) 品質要件

品質要件には、表2.1にあるように、信頼性、使用性、効率性、保守性、移植性、過負荷の耐性等がある。ここでは、信頼性と過負荷の耐性の2点について述べる。

信頼性のうち、システム機器の信頼性については、現在、高いレベルに達していると考える。ほとんどのサーバシステムは、2重化されており、また多くのマンマシン系も多重化されている。個々の障害は冗長系によって避けられるようになっている。そういう中で次の事例を紹介するのは、設計者としての考えかたを一度示しておきたいからである。その事例とは、30年前資金が無いために冗長系を採用できないときにどうしたかという内容である。

過負荷への耐性、つまり過負荷に対してCPU機器が何処まで耐えられるか（ダウンしないで動作しうるか）についても事例をもって示したい。

信頼性

1980年、三宅坂トンネル防災システムを検討した内容を報告書[(2)]にしているので、それを参考に、当時何を考えどのように対処したのか述べる。

1980年、ミニコンピュータ（大型汎用機ではなく中規模のコンピュータ）が様々なシステムに使われはじめた時代である。それまでは、遠方監視制御システム、つまり遠制と呼ばれた技術が基本である。この技術は、信頼性が高く、十分に検討され確立されたものであった。

三宅坂システムを構築する際に、信頼性が一番の課題であり、特にミニコンを導入する以上、2重系が必須事項であった。しかし、予算の関係でシングルということになった。

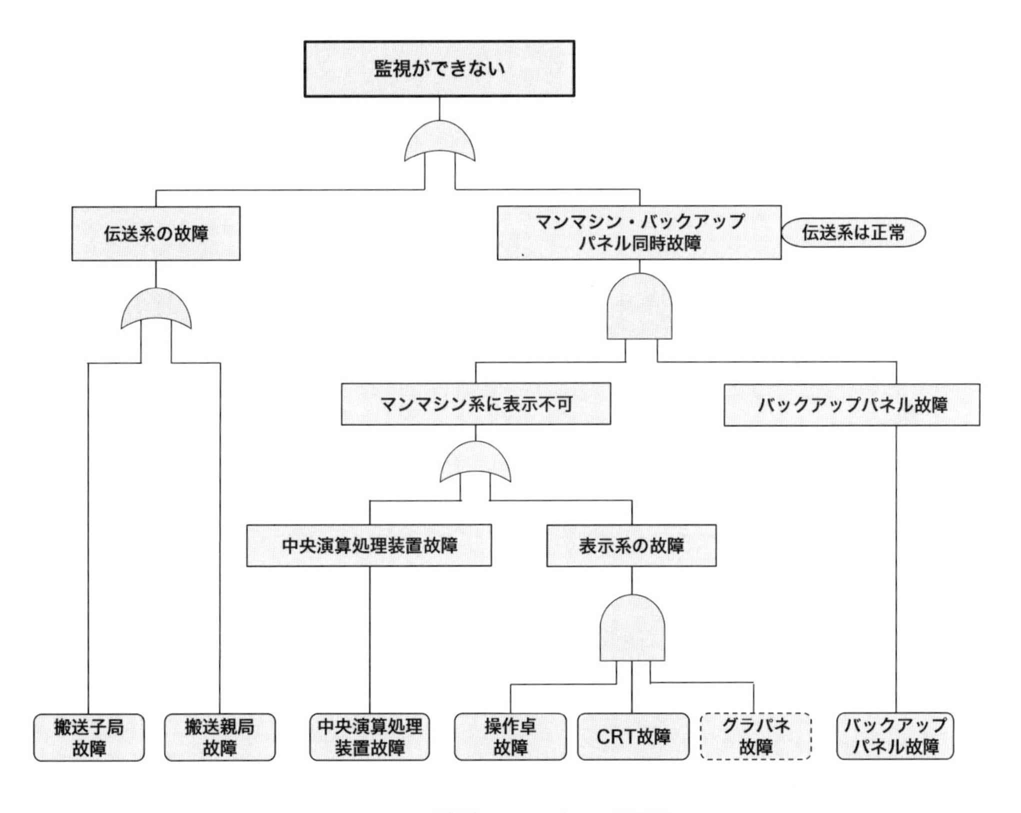

図2.7　防災システムのFT図

しかし、ミニコンのシングル構成では信頼度を確保できない。

最終的には、遠制親局に、簡易な制御パネルを作ることでしのいだ。図2.7は、きわめてシンプルなFTA（Fault Tree Analysis）であり、それを信頼度計算したのが図2.8である。

この時点では、遠制の子局・親局とも、ほとんどハード構成（ソフトウエアと言われる大きなものはなかった。ファームウエアはあった）、それで、信頼度は極めて高いものであった。中央装置では、ミニコン（ディスク）とCRTが課題であった。当時はまだ信頼度が低かった。

また、この時、機器の故障率等信頼度に関するデータが無いこともよくわかった。軍事で先行していたMILスタンダードも初めて知った。まずデータを集め、システムとしての信頼度を求めていくのである。以上のように計算してみると、信頼度という数値が出てきて、イメージが具体的になった。冗長系の重要さが良くわかる。FTAを書いてみても同様である。

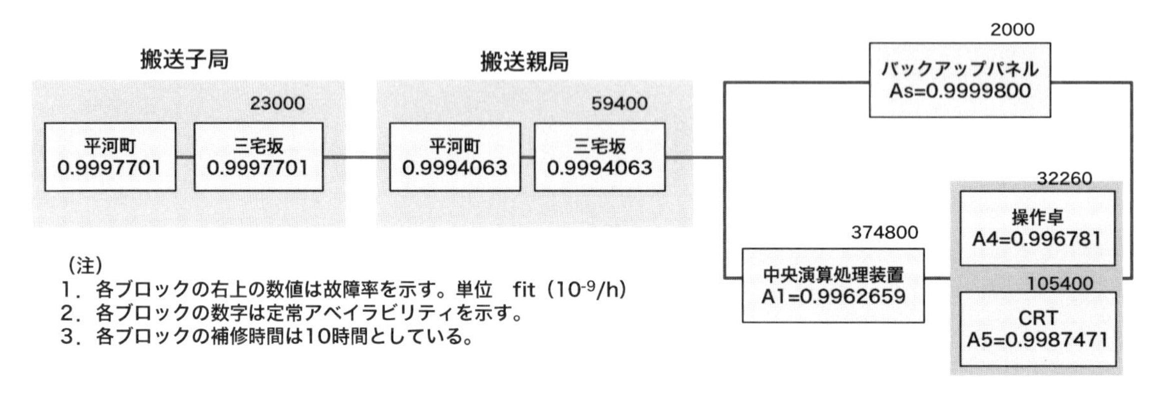

	システム構成	トータルアベイラビリティ	λ (fit)	MTBF	システムダウン	備　考
1	バックアップパネルあり	0.9994214	578,600	1728(h)	5h/年	システム全体のアベイラビリティは搬送親局、子局のアベイラビリティに相当する。
2	バックアップパネルなし	0.9946222	5,378,000	186(h)	47h/年	中央演算処理装置によって大幅にアベイラビリティは下がる。

図2.8　初年度システム監視系の信頼性ブロック図およびアベイラビリティ

極めてシンプルな構成である。実際に計算してみるとアベイラビリティ、故障率、MTBF、システムダウン時間の用語に対して理解が深まる。

過負荷への耐性について

トンネル防災システムは、施設管制システムと一緒に発注されているといっても、実際のソフトウエアは別である。機能が異なる。トンネル防災システムは、通常時はほとんど、眠っているようなものである。しかし、いざ火災があった時には、現場から多くのセンサ情報、状態変化情報があげられる。また、非常時への運用は、記録を残すことが求められ、またいつでも、現場状態、運用状態が容易に把握できる必要がある。

非常時には、一年に一度行われる防災訓練とは異なり、より多くの情報があがる。ややもすると情報過多となる。

①1980年システム開発途上での障害

当方が主任技術者として臨んだシステム試験の最後の段階で、トンネル防災用中央装置のミニコンがダウンした。火災発生を想定した試験の最中であった。原因は、現場から上がる様々な情報に対し、ラインプリンターが追い付かず、印字タスクの待ち行列が発生し、容量を超え、ダウンしたものであった。かなり、異常事態を想定したはずが、ダウンしてしまうという驚くことが起きた。

②阪神公団　電力遠制親局ダウン

遠制子局や通信回線が被災するという異常状態となったため、記録データが大量に発生することとなった。このため、想定していたファイル容量がオーバーし親子局がダウンした。これは京橋受電所関連の遠制プログラム独自の問題であり、ファイル管理用プログラムなどソフトウエアの改修を行って対処した。

（大震災を乗り越えて　震災復旧工事誌　平成９　P163より）

1995年の阪神淡路大震災のことである。遠制親局は、機械駆動のないハードウエアで構成され、信頼度が極めて高いものと思っていた。いろいろな機能を付加する形となり、この様になったもの（ファームウエアとファイル記録等による）と推測するが、1995年当時も、この様なことが起きている。

③スリーマイル島原子力発電所事故

2011年の原子力発電所事故も同様であるが、非常時における情報の多さについては、この様な具体的事例がよい。ただし、東日本大震災の福島原子力発電所では、運用上の致命的ミスはなかった。スリーマイル島の事故は、明らかに、運用のミスである。しかし、そのことに対して、運用者を責めるというよりは、この様な事態に至らしめた設計者（設計）の在り方が指摘されている。（その内容は、６の運用・操作要件で述べたい）

ここで触れるのは、非常時においては通常時に想像できないほど情報が過多になる。また、運用者が情報にかき回され混乱に至る事例である。一度ぜひ、この内容を記した本[(3)][(4)]を読んでもらいたい。トンネルの火災時は、原子力発電所事故とは異なる。情報量もたぶん、ずっと少ない。しかし、運用者が戸惑い、CPUが追い付かないような状況にも至る場合があるのである。

具体的検討事項としては、次のような点が想定される。

・設計の対象とするトンネルにおいて、大型トラックを巻き込んだ火災が発生したと想定し、現場から送られてくる情報量を推定する。設計者、自らやる。コンサルやメーカ技術者にもやらせる。

・情報量に対し、CPU のロジック上、待ち行列が発生することが無いか、メーカ設計者に確認する。

・中央 CPU 等、性能についてもヒアリング（確認）する。

・システム試験の中に、火災事故発生における試験項目がある。システム構築メーカの品質部門の方に、どの様な規模を想定して、どの様な設定の元で試験を行ったのか、そしてその結果はどうであったかヒアリングを行う。

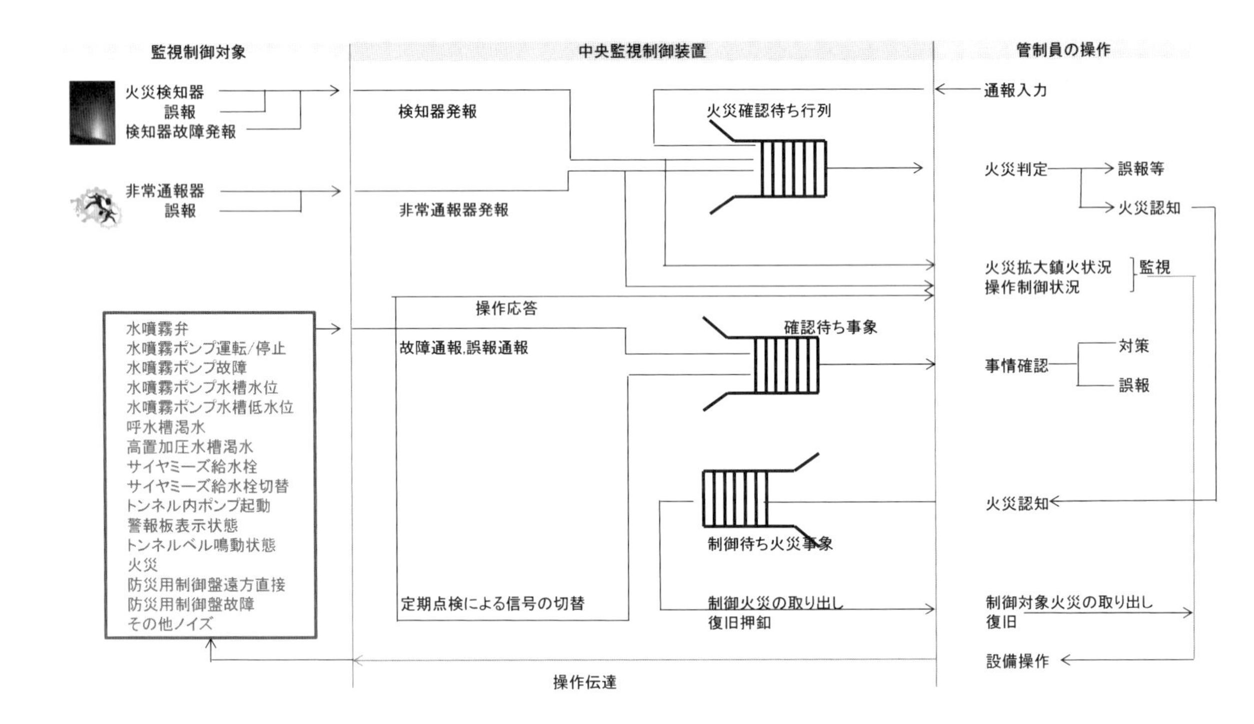

図 2.9　待ち行列の一例

(2) 運用・操作要件

設計要件としての結論を述べても、どこまで考え、どこまでその重要性を理解して設計するかという基本的事項が身に付かないと意味がない。回りくどくても、具体的事例の中から、問題点を共有化するしかないと考える。

スリーマイル島の事例から

米スルーマイル島原子力発電所事故については、前にも紹介した２つの本[3][4]で紹介されている。設計者は、ぜひ、一度読んでほしい。その１つ、「安全人間工学」橋本邦衛著[3]の中から具体的点を引用する。

「事故直後の警報の洪水の中で、判断がかなり混乱した運手員たちの頭の中では、直接必要な情報を間接的な現象から読みだしていくことはたいへんむずかしいわけです。そのときに、たとえばコンピュータで、今の圧力と温度からちゃんと計算して、いま飽和条件に達した、あるいはそろそろ達するぞというようなことを表示してやれば、運手員はかなり頭が混乱していても、実際にうまく処理できるような対応を取ってくれるでしょうね、・・・」（橋本）

「最も象徴的なのは、設計する側に技術者と運転する側の人間の問題とが完全に乖離しているということです。」（柳田邦男）
「設計者というのは工学部を出た秀才で、こういう装置なんだから、こういう計器のレイアウトをすれば、当然こういう操作すべきであるという「べき論」、これくらいわかっているじゃないかというようなことで、整然たるレイアウトを考える、・・・」
「設計者が平常時において冷静に考えたら、そんな間違いをするはずがないということで、設計者側は、オペレータが悪いんだというかもしれないけれども、人間というのは、そうはうまくいかないというのが本質だという考えると、・・・」

コンピュータシステムが中心となって当たり前の時代である。しかし、システムは運用を支えるためにある。特に非常時は、運用員を支え、確実な運用を行うためにある。

1.2.6　設計の基本的視点

非常時対応のシステムでは、安全人間工学的な配慮が必須である。運用者（人）の状況を何よりも具体的に想定し、ミスをするものだという前提で、設計する必要がある。非常時は、通常時に考えられないようなことが想定される。操作は、シンプルで分かりやすいものでないといけない。

具体的な設計のポイントとは

・トンネル現場の状況が、一見して理解できること。

・今、どの様な状況（システムの稼働内容）であるか、容易に理解できること。

・運用者には、何を確認して、何を判断・制御するべきかガイダンスを行う。

・コンピュータシステムへの情報入手に対する運用者の確認、操作作業の確認等、運用者の作業内容を逐次確認し（システムが確認し）、その内容を運用者へ知らせる。

・運用（操作）記録について、外部の方でも内容が理解できるか、言葉の使い方、フォーマット等確認する。

以上は、極めて基本的な事柄である。発注者はこのような点を何よりも注視して検討する必要がある。

具体的な検討例は、第１章に記した。操作卓やCRT画面の設計では、運用の姿を十分に検討することが重要である。

参考文献

(2) トンネル防災システム　伊藤他　National Technical Report Vol.30　N0.2（Apr.1984）
(3) 安全人間工学　橋本邦衛著　中央労働災害防止協会　昭和 59 年 6 月 30 日　P218~220
(4) 人間工学　林善男編　日本規格協会　1981 年 1 月 12 日

素直になれ

何度言われたことであろう。社内には、「素直になれ」という額装があちこちに張られていた。

松下幸之助が、会社経営の危機に際し、素直になって全国の販売店社長の意見を聞き、乗り切った話はよく聞いたものである。

そういう意味では、会社の仕事、SE（システムエンジニア）にとって、顧客の課題は何か、それをいかに正確に、また本質的な事柄を見出すことが課題であると思ってきた。他社 SE に負けないくらい考えているという自負があった。素直になって考えるという習慣が身に付いた。

数年前、ある会社の社長に手紙を書いたことがある。そこの社員が今の延長線で頑張っても限界がある。会社の基本的姿勢、組織の在り方等を変えないと発展しない。それは社長しかできない。社長以外誰にもできないという内容であった。

その行動について、メーカの人間であれば、そんなことしたら、間違えば出入り禁止となると考えたであろう。当方は、当時、その組織から直接的な仕事は受けていない。失うものはない。本当に手紙が必要か、当方が言って意味があるか等、じっくりと考えた。素直になって考えた。今しかないと。内容も、最大３点。しかし、２点だけ提言した。

人生、70 にも近くなれば、私生活においても様々なことがある。やはり、その時に素直になる。心の奥にある本当に自分が望んでいるものはなにか、素直に考える。それを見出したら、あとは行動。その結果がどう出ようが気にしない。

人生の後半は、素直に行動してきたつもりである。自分の生き方は自分で決めると。

2　システム構築

2.1　開発フェーズ

開発フェーズの作業として、発注者は受注者へ発注仕様書／特記仕様書を提示して、契約を行う。その後、発注者の作業はレビューを除き基本的にはない。

ただし、システムを効果的に構築し活用するためには、すべての開発作業をメーカに任せるのではなく、支援という形で適切な役割分担がなされる必要がある。具体的な役割分担については、SLA 契約などを通じて行われる。システムの要件定義の確認やシステムテスト等の作業についても、発注者側が支援する必要がある。開発フェーズの作業の位置付けは図 2.5 に示したとおりである。

また、開発フェーズの作業は、図 2.11 に示すようにメーカが主体で行われるが、作業の流れを知る上で必要な内容を以下に記述する。

2.1.1　開発フェーズの作業開始準備

・要件定義フェーズで作成された発注仕様書／特記仕様書を用意する。

・開発環境を準備する。（標準、手法、ツール、言語、マシン、場所等）

・開発フェーズの実施計画を作成する。実施計画は具体的な標準、手法、ツール、行動、責任等を含むものとする。

・非納入品の使用および管理を明確にする。

2.1.2　開発フェーズの作業内容

開発を行う前に発注仕様書／特記仕様書による発注者とメーカによる契約等の所定の手続きを経てから、開発フェーズが実施される。

（1）契約手続き

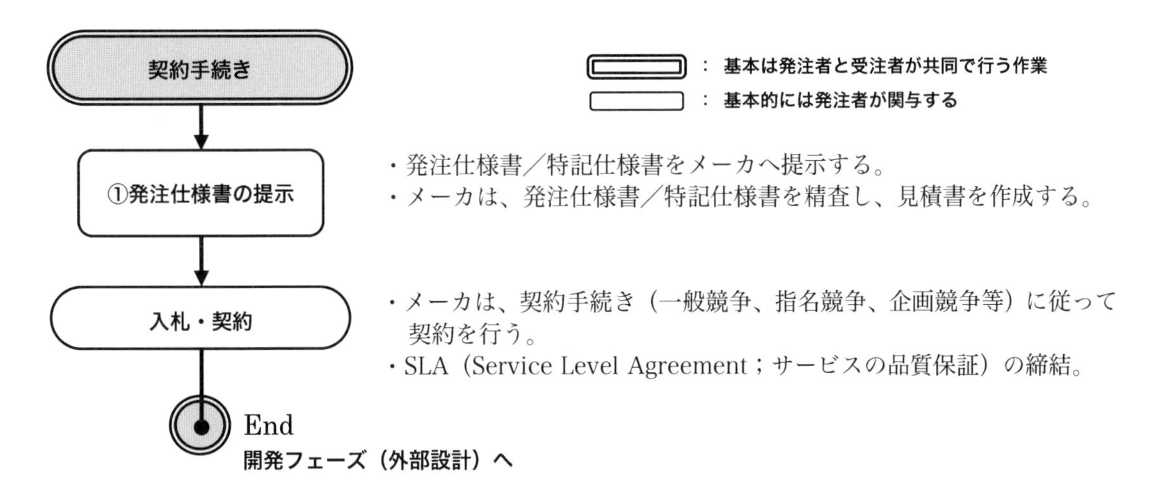

SLA によって、発注者とメーカでソフトウエア品質について合意する。主なポイントは次の３つの試験とそのときの判定事項についてである。

・工場立会検査で現地搬入可否の判断を行う。そのとき、メーカは工場の試験状況（試験計画書、実施状況）を報告する。

・試験場でソフトウエア試験を行い、問題がなければ、現地（実環境）に展開する。

・システムが全て最終形になった段階で、メーカが完成度を発注者に提示するための試験（完成後評価試験）を実施する。

(2) 外部設計

①外部設計の目的

開発フェーズの外部設計は、要件定義で決定した機能について、ユーザとのインタフェースや外部システムとの関連を設計することを目的としたものであり、メーカは発注者の視点で設計する。

②外部設計の作業概要

外部設計は、業務全体に対して定義された要件のうち、システムに関する部分について技術的に実現可能かを検証し、システム化が可能な技術要件に変換して設計を行うものである。ここで作成されるドキュメントが外部設計書（承諾図書）であり、メーカが主体となって作成し、発注者に提示して開発の承諾を得る。外部設計は、図 2.10 に示すように一般的にシステム化の要件定義、システムの仕様化から構成される。

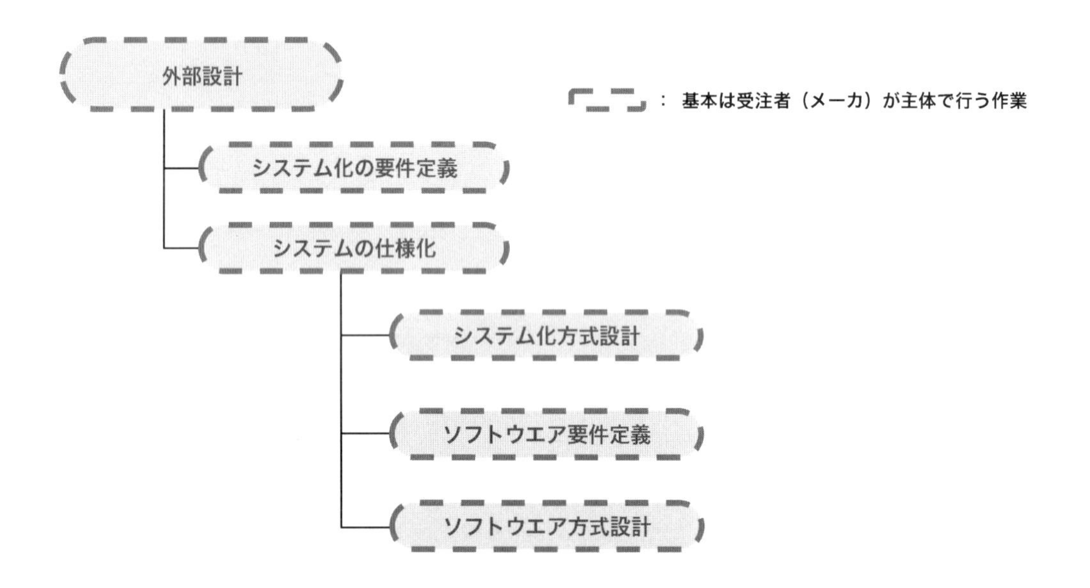

図 2.10　外部設計の作業構成

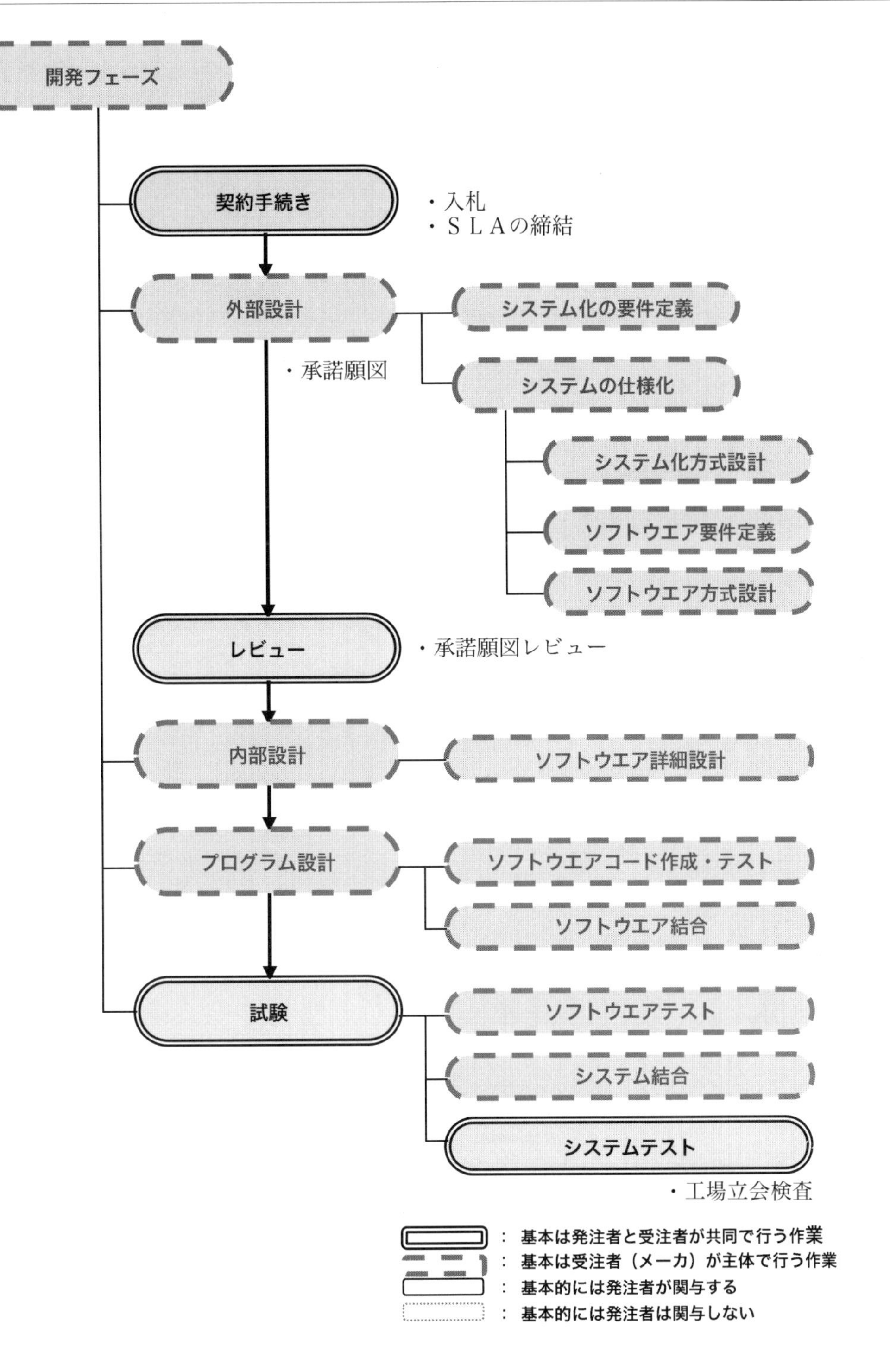

図 2.11　開発フェーズの作業構成と流れ

外部設計では、技術的に実現の可能性を検証しながら設計することになり、ある程度の詳細を踏まえたシステム設計が必要になる。

作業は、メーカが主体で行い、発注仕様書／特記仕様書に基づきシステム化要件を定義し、その定義に基づいてシステムを仕様化する。それぞれ外部設計書（承諾図書）として文書化し、発注者の確認・承認を得るプロセスである。

発注者は、メーカから提出された工程／日程表に基づき、外部設計に基づく工程会議を開催し、必要に応じて工程の調整を行う。同時にメーカからの質問事項等への回答を行う。

③外部設計の作業内容

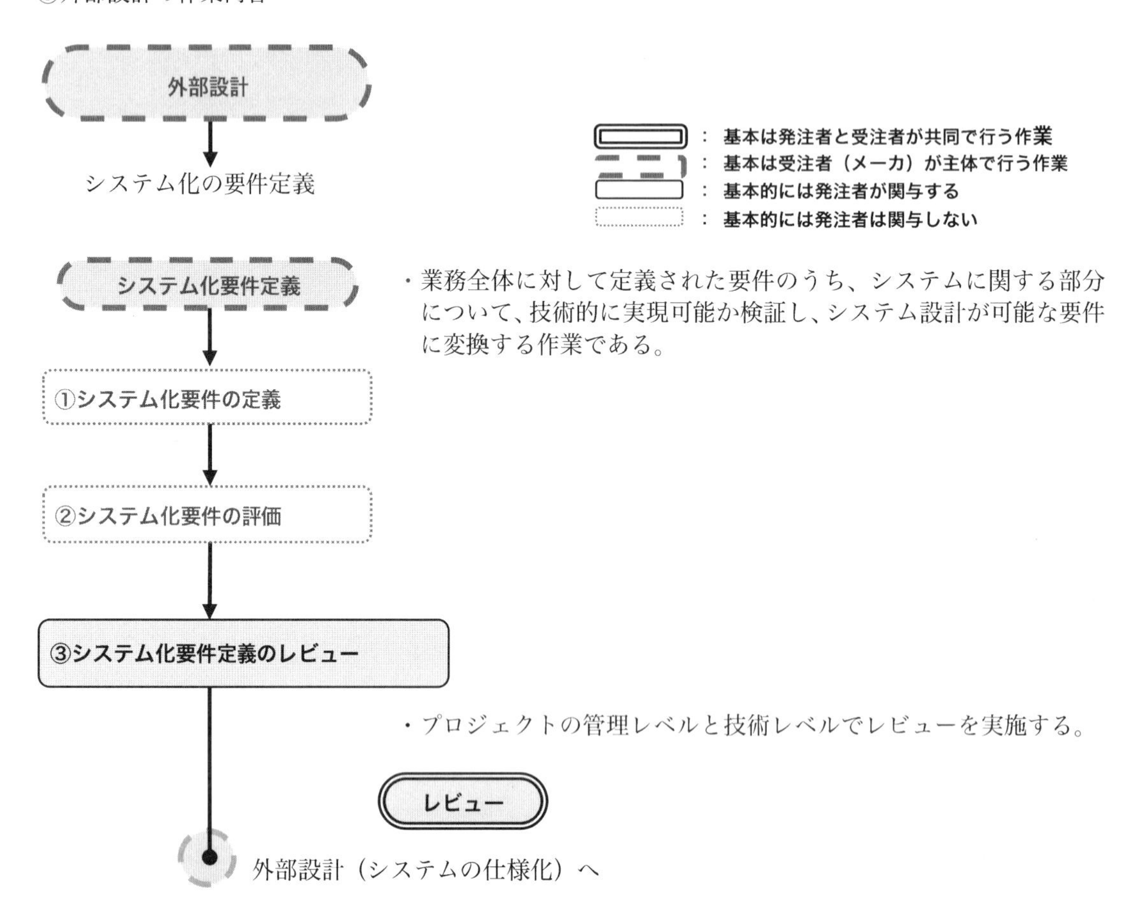

システムの仕様化

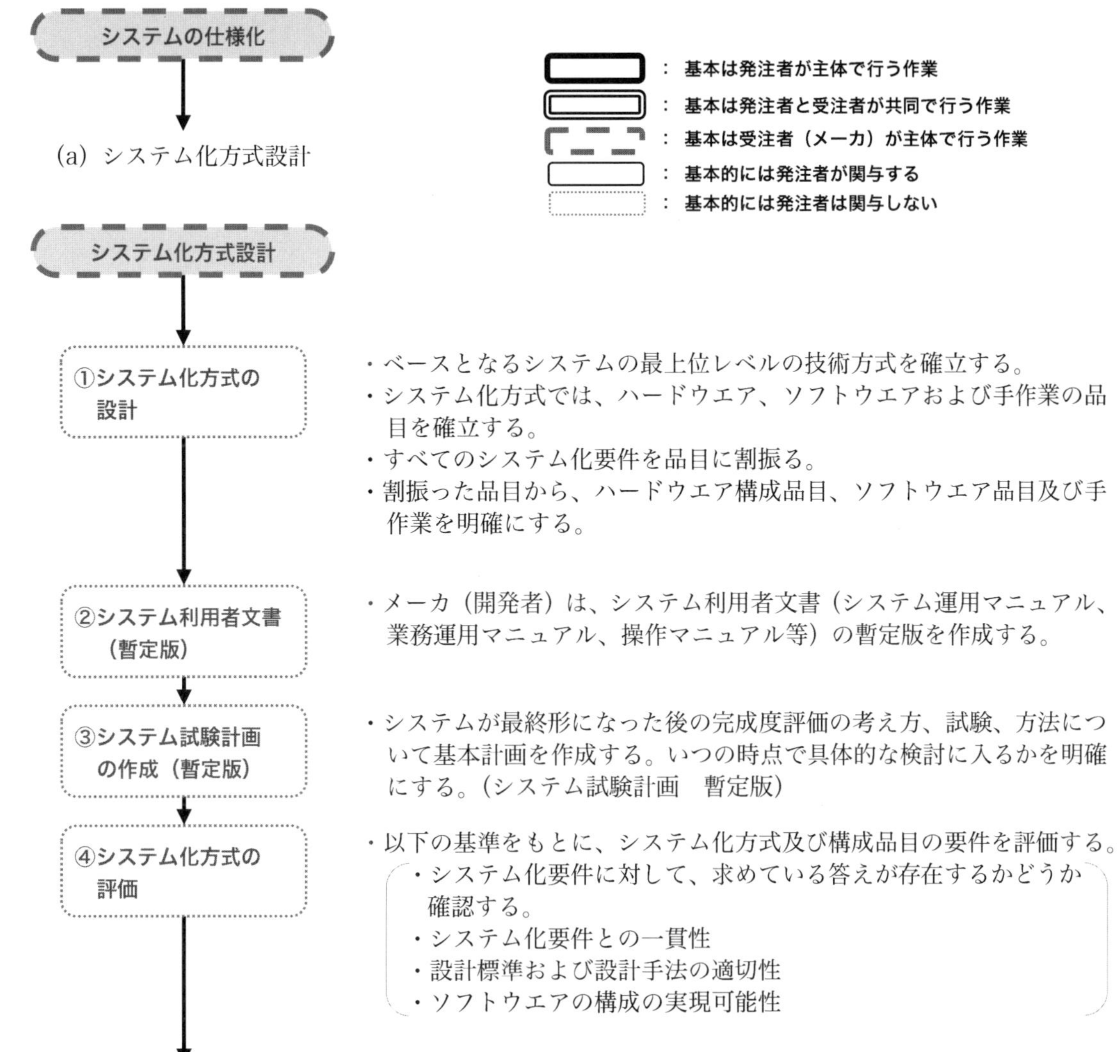

システムの仕様化
：基本は発注者が主体で行う作業
：基本は発注者と受注者が共同で行う作業
：基本は受注者（メーカ）が主体で行う作業
：基本的には発注者が関与する
：基本的には発注者は関与しない
(a) システム化方式設計
システム化方式設計
①システム化方式の設計
・ベースとなるシステムの最上位レベルの技術方式を確立する。
・システム化方式では、ハードウエア、ソフトウエアおよび手作業の品目を確立する。
・すべてのシステム化要件を品目に割振る。
・割振った品目から、ハードウエア構成品目、ソフトウエア品目及び手作業を明確にする。
②システム利用者文書（暫定版）
・メーカ（開発者）は、システム利用者文書（システム運用マニュアル、業務運用マニュアル、操作マニュアル等）の暫定版を作成する。
③システム試験計画の作成（暫定版）
・システムが最終形になった後の完成度評価の考え方、試験、方法について基本計画を作成する。いつの時点で具体的な検討に入るかを明確にする。（システム試験計画　暫定版）
④システム化方式の評価
・以下の基準をもとに、システム化方式及び構成品目の要件を評価する。
・システム化要件に対して、求めている答えが存在するかどうか確認する。
・システム化要件との一貫性
・設計標準および設計手法の適切性
・ソフトウエアの構成の実現可能性

⑤システム化方式設計のレビュー

・プロジェクトの管理レベルと技術レベルでレビューを実施する。

レビュー

外部設計（ソフトウエア要件定義）へ

(b)ソフトウエア要件定義

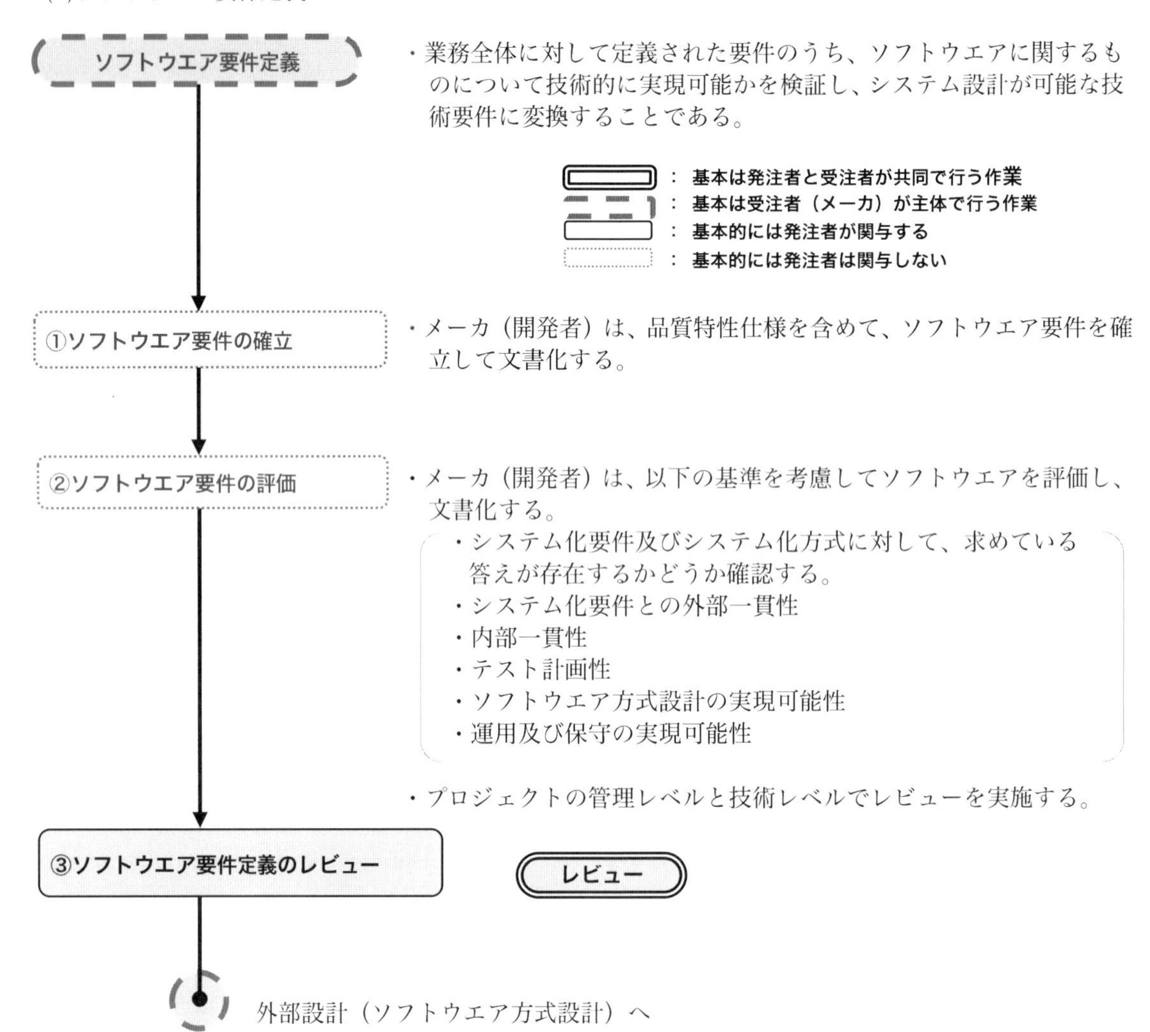

（c）ソフトウエア方式設計

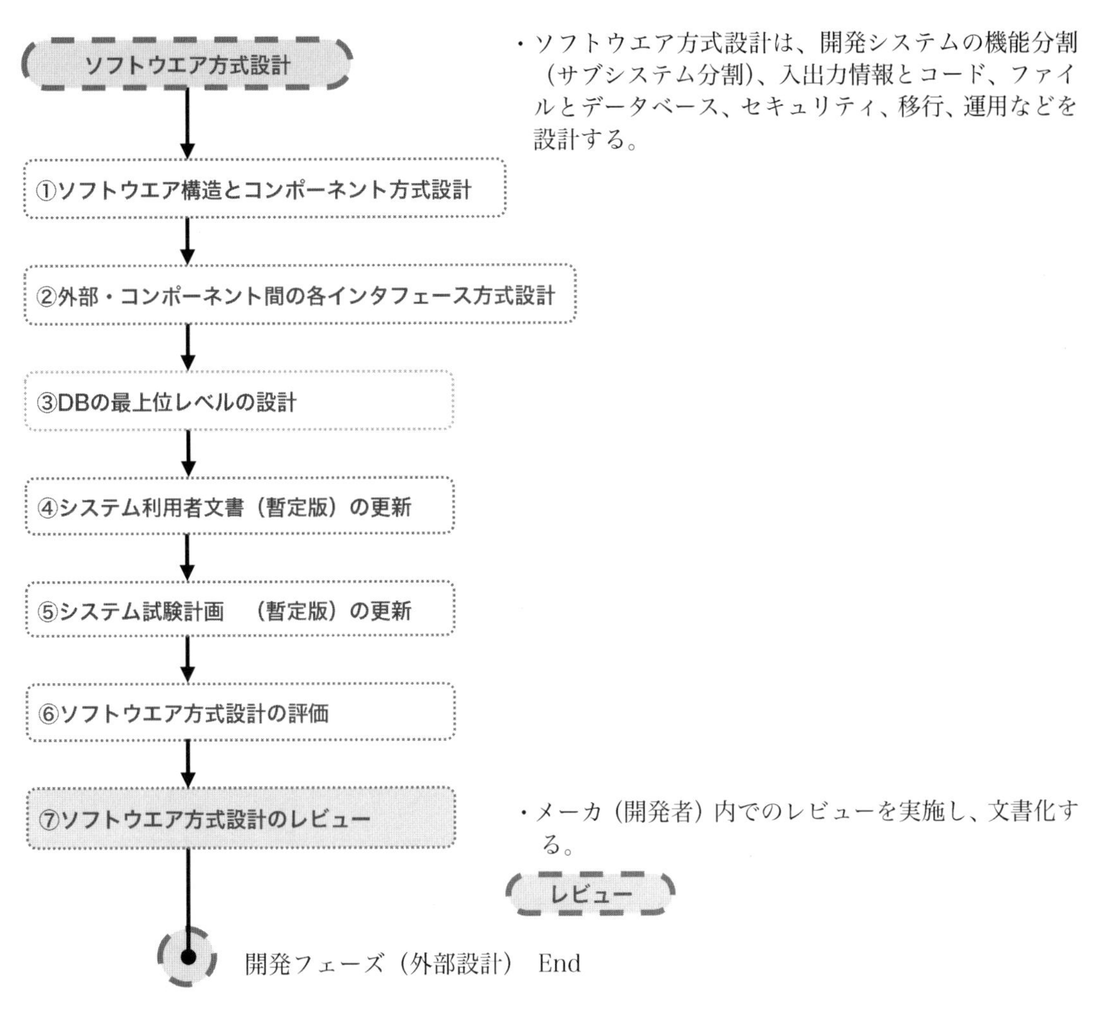

④外部設計の成果物／ドキュメント

外部設計のドキュメントは表2.2のとおりとする。

表2.2　外部設計のドキュメント

成果物／ドキュメント	概要／目的	役割分担／成果提出		
		発注者	提出	メーカ
1) 開発フェーズ（外部設計）の実施計画書	要件フェーズで作成された発注仕様書／特記仕様書から開発フェーズ（外部設計）の実施計画書を作成する。	◎（システム技術部門）	→	－
2) SLA	SLA（Service Level Agreement；サービスの品質保証）とは、開発フェーズを円滑に進めるために発注者とメーカがサービスの品質保証について合意を得るためのものである。	◎（システム技術部門）	→ ←	◎
3) 外部設計書／承諾願図	外部設計書（承諾願図）は、システム化要件定義、システム化方式設計、ソフトウエア要件定義、ソフトウエア方式設計の内容をまとめたものであり、発注者の承諾を得るためのものである。	△（承諾）	←	◎
4) システム試験計画（暫定版）	システムが最終形になった後の完成度評価の考え方、試験、方法について基本計画を作成する。いつの時点で具体的な検討に入るかを明確にしたものである。	△	←	◎
5) システム利用者文書（暫定版）	システム利用者文書(暫定版)は、システム運用マニュアル、業務運用マニュアル、操作マニュアル等のドキュメントである。	－		◎
6) 工程表	進捗状況が把握できる工程表である。	△	←	◎
7) レビュー記録	レビューの記録として、議事録／指摘事項、確認事項一覧などを文書化したものである。	△	←	◎

◎：主体で作成、　○：必要に応じて作成、　△：支援、　－：基本作業なし、　←：提出あり

⑤外部設計の参照規約

・SLA（最新版）

SLA（Service Level Agreement；サービスの品質保証）は、開発するシステムのサービス品質合意書である。

・ドキュメント作成規約（最新版）

ドキュメントを作成するためのフォーマット等を規定した作成規約である。

・画面設計規約（最新版）

HMI（Human Machine Interface；ユーザインターフェース）のための画面設計規約である。

・帳票設計規約（最新版）

HMI のための帳票設計規約である。

・用語・メッセージ規約（最新版）

ドキュメントやメッセージを作成するための用語を規定した規約である。

・成果物管理規約（最新版）

成果物を管理するための規約書である。

・その他規約（最新版）

その他、発注者で使用する技術基準等。

(3) 内部設計

①内部設計の目的

内部設計（ソフトウエア詳細設計）は、外部設計で定義した要件や方式をもとにソフトウエアの詳細な設計を行う。

②内部設計の作業概要

内部設計は、外部設計で定義されたシステム化要件定義、システム化方式設計、ソフトウエア要件定義、ソフトウエア方式設計をベースにソフトウエアの詳細設計を行うものである。

内部設計は、メーカが主体で行い、発注者の作業は基本的にはない。ただし、外部設計と同様に発注者は、メーカより提出された工程／日程表に基づき、内部設計に基づく工程会議を開催し、必要なら工程の調整を行う。同時にメーカからの質問事項・提案書への回答を行う。

(4) プログラム設計

①プログラム設計の目的

プログラム設計は、コンピュータの理解できる言語に訳すこと（いわゆるソフトウエアコードの作成）とそのテストを行い、その後、ソフトウエアを結合しそのテストを行う。

②プログラム設計の作業概要

プログラム設計は、内部設計で定義された内容をプログラミングすることであり、ソフトウエアコード作成・テスト、ソフトウエア結合から構成される。

プログラム設計は、メーカが主体で行い、発注者の作業は基本的にはない。ただし、発注者は、メーカより提出された工程／日程表に基づき、工程会議を開催し、必要なら工程の調整を行う。同時にメーカからの質問事項や提案等がある場合は、その回答を行う。

(5) 試験

①試験の目的

試験は、仕様書・設計書どおりの製品ができあがっているか否かをチェックし、品質の保証を行うことにある。

②試験の作業概要

試験は、図 2.12 に示すようなソフトウエアテスト、システム結合、システムテストからなる。

試験は、メーカが主体で行い、システムテストの最終段階で行う工場立会検査までは発注者の作業は基本的にない。

ただし、発注者は、メーカより提出された工程／日程表に基づき、工程会議を開催し、必要なら工程の調整を行う。同時にメーカからの質問事項や提案などがある場合は、その回答を行う。

また、発注者はメーカの依頼または契約に応じて、テストを行える環境を提供／整備するとともに、確認はテスト成績書／報告書または工場立会検査で行う。

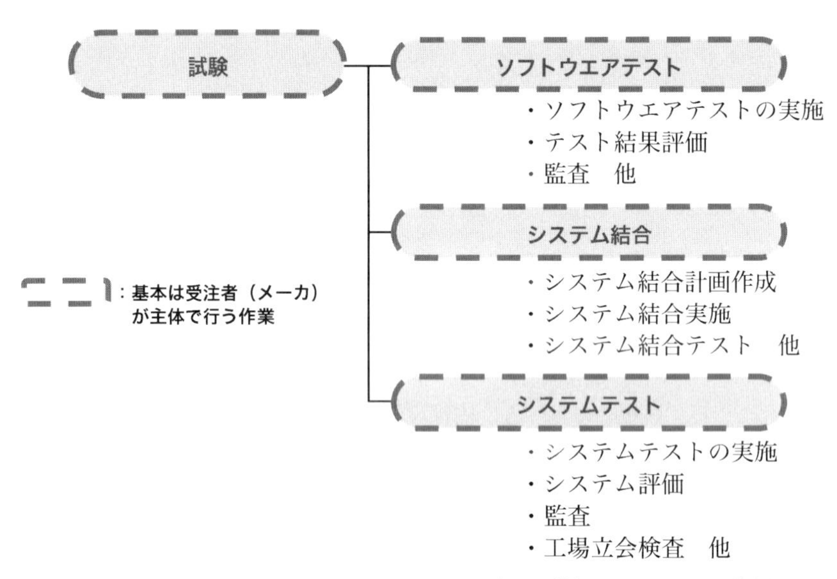

・ソフトウエアテスト：ソフトウエアが利用可能であることを確認するためのテスト
・システムテスト　　：システムが利用可能であることを確認するためのテスト

図 2.12　試験の作業構成

試験は、図 2.13 に示すような、単体テスト→結合テスト→システムテスト→運用テストの順序で行うことが一般的である。運用テストについては、移行と運用フェーズで行う。

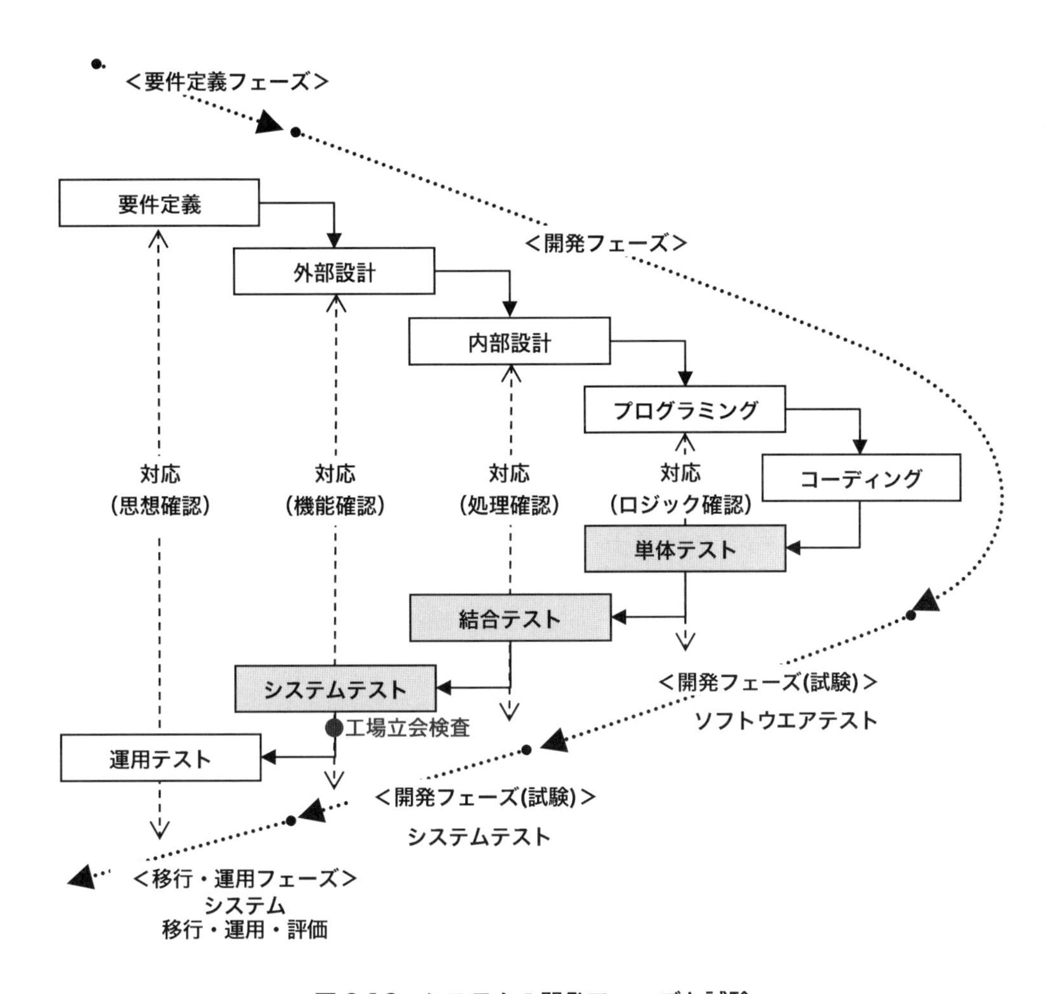

図 2.13　システムの開発フェーズと試験

③試験の成果物／ドキュメント

試験のドキュメントは表2.3のとおりとする。

表 2.3　試験のドキュメント

成果物／ドキュメント	概要／目的	役割分担／成果提出		
		発注者	提出	メーカ
1) ソフトウエアテスト関連ドキュメント	ソフトウエアテスト（単体テスト）に関わる、ソフトウエアテスト計画書、ソフトウエアテスト仕様書、監査結果を含むソフトウエアテスト報告書を作成する。	−		◎
2) システム結合テスト関連ドキュメント	システム結合テストに関わる、システム結合計画書、システム結合テスト仕様書、システム結合テスト報告書を作成する。	−		◎
3) システムテスト関連ドキュメント	システムテストに関わる、システムテスト計画書、システムテスト仕様書、システムテスト報告書を作成する。	−	報告	◎
・工場立会検査報告書	システムテストの一環として、工場立会計画書、仕様書・報告書を作成する。	−	←	◎
4) システム利用者文書（暫定版）	システム利用者文書（システム運用マニュアル、業務運用マニュアル、操作マニュアル等）を更新したものである。	−	←	◎
5) システム試験計画（暫定-更新版）	システムが最終形になった後の完成度評価の考え方、試験、方法について基本計画を作成する。いつの時点で具体的な検討に入るかを明確にしたものである。	△	←	◎
6) 工程表	テスト計画、進捗状況が把握できる工程表である。	△	←	◎
7) レビューの記録	レビューの記録として、議事録／指摘事項、確認事項一覧などをメーカが作成する。	△	←	◎

◎：主体で作成、　○：必要に応じて作成、　△：支援、　−：基本作業なし　←：提出あり

④試験の参照規約

・ドキュメント作成規約（最新版）

　ドキュメントを作成するためのフォーマット等を規定した作成規約である。

・用語・メッセージ規約（最新版）

　ドキュメントやメッセージを作成するための用語を規定した規約である。

・成果物管理規約（最新版）

　成果物を管理するための規約書である。

・その他規約（最新版）

　その他、発注者で使用する技術基準等。

2.2　移行と運用フェーズ

2.2.1　移行と運用フェーズの作業内容

移行と運用フェーズは、図2.14に示す作業構成となる。

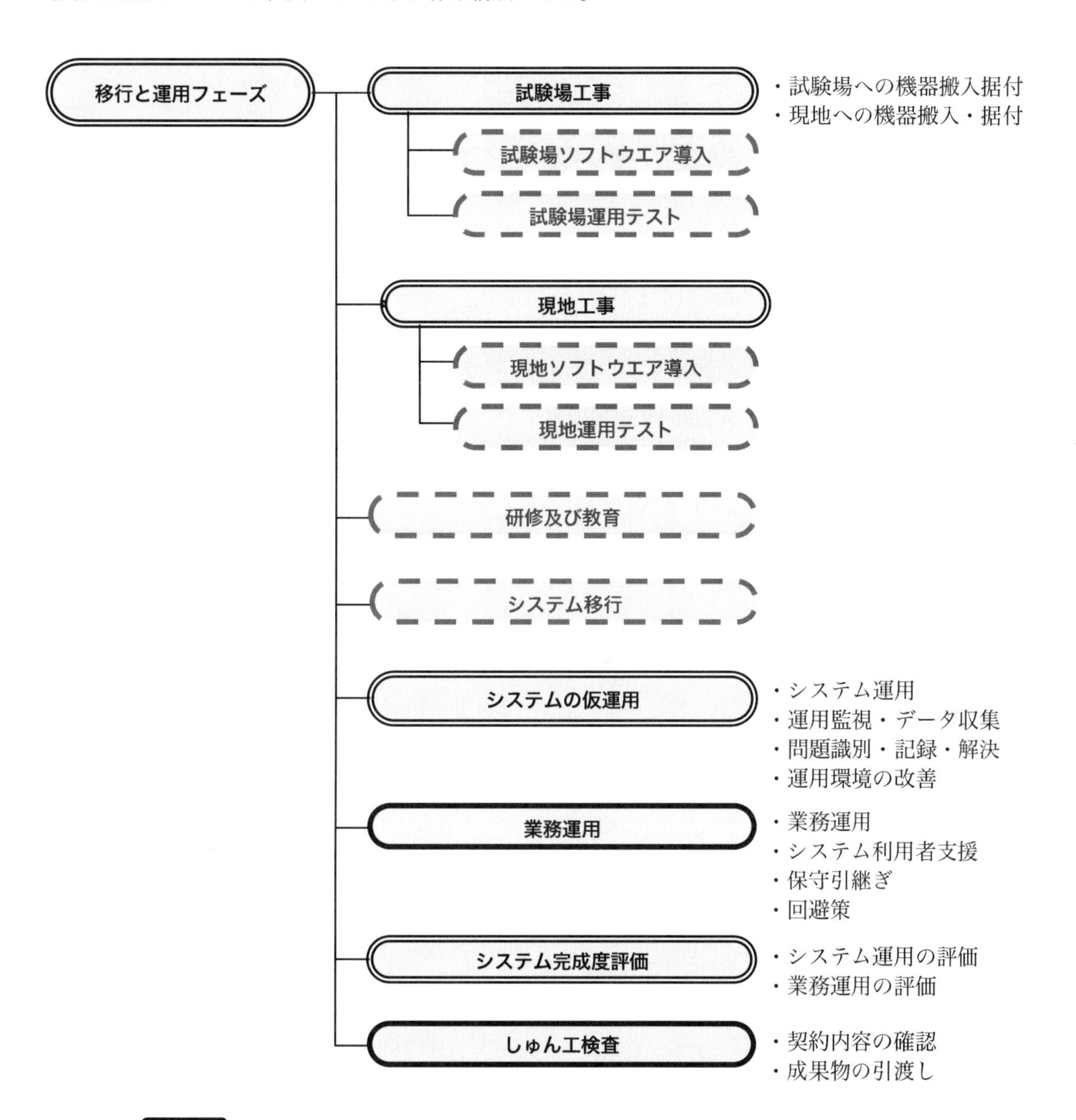

図2.14　移行と運用フェーズの作業構成

（1）試験場工事

①試験場工事

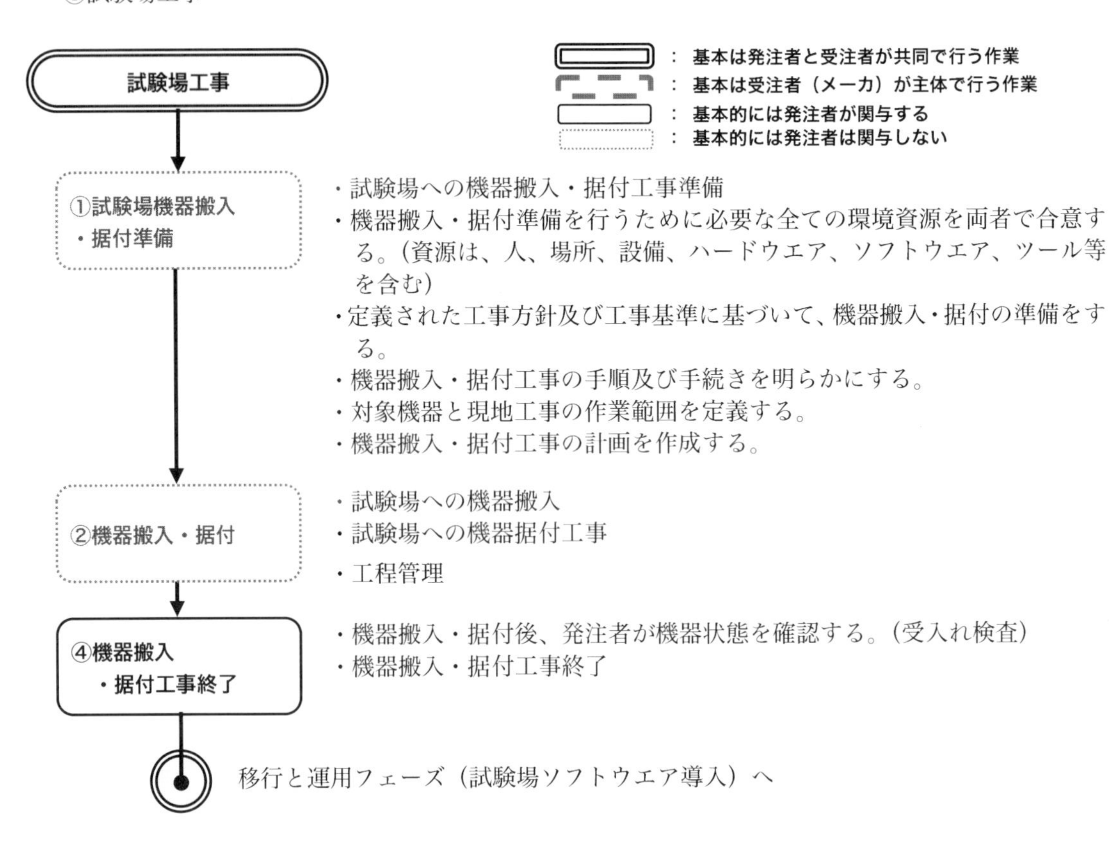

②試験場へのソフトウエア導入

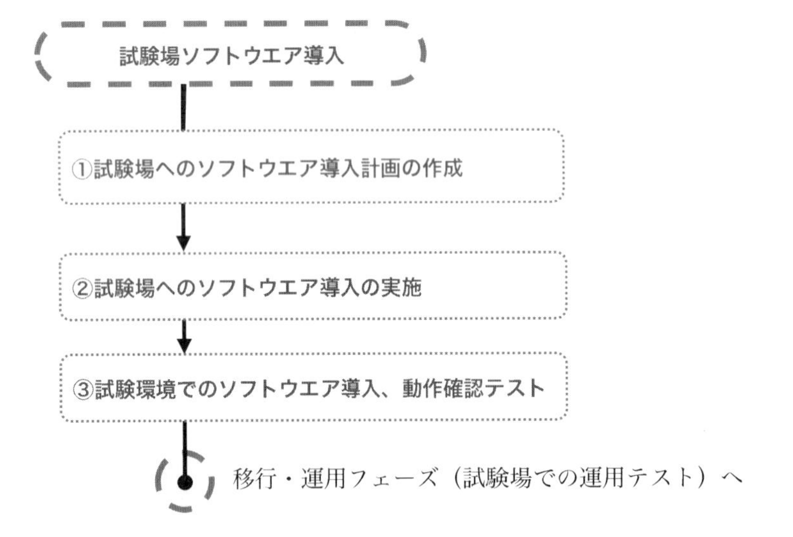

③試験場での運用テスト

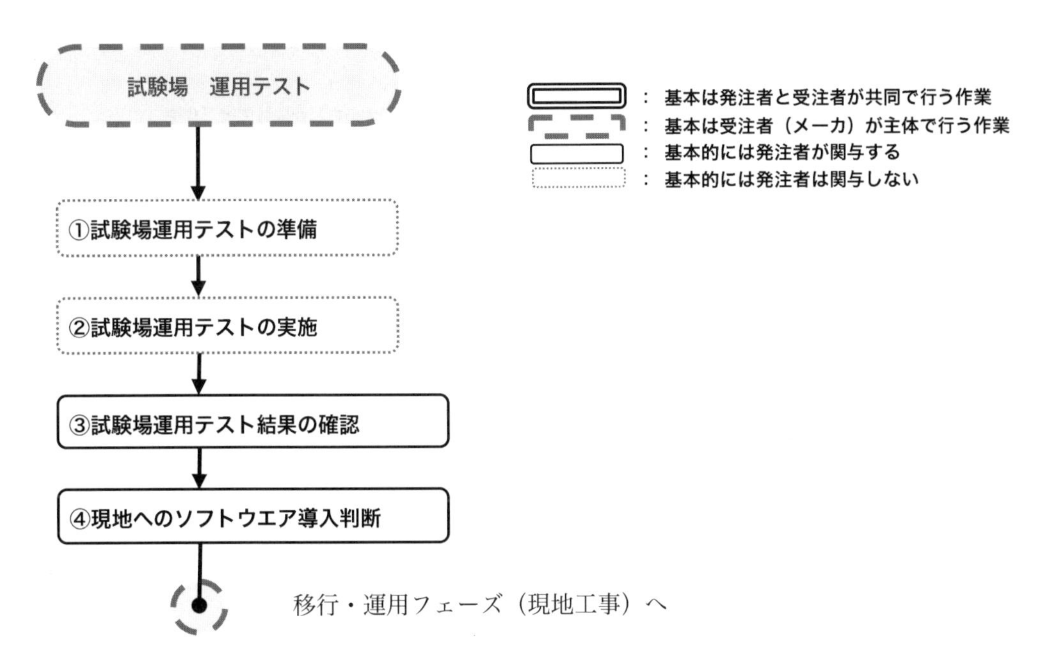

(2) 現地工事

①現地工事

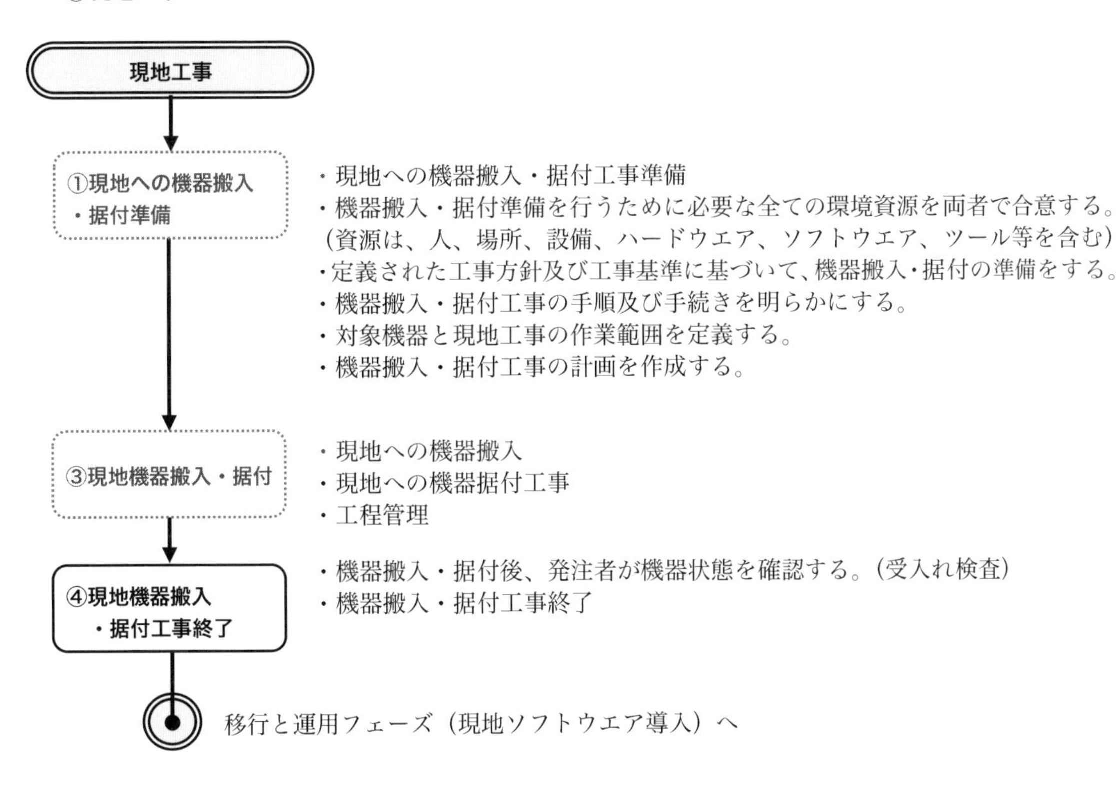

②現地へのソフトウエア導入

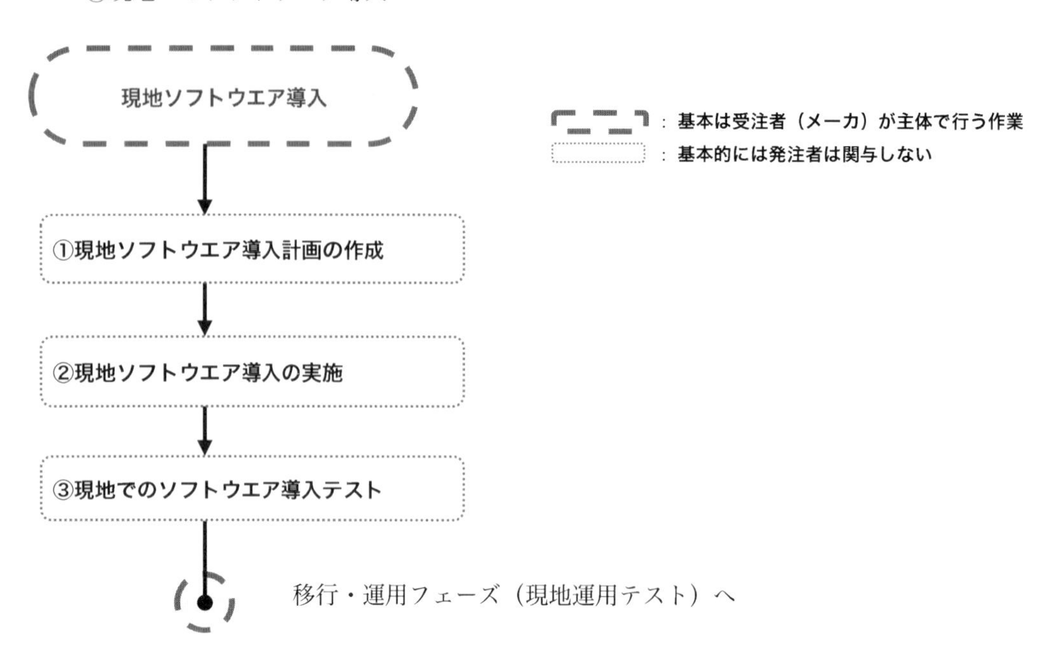

③現地での運用テスト

現地での運用テストは、試験場機器と現地機器が異なることから、既存システムの運用状況、テスト可能状況により、必要に応じて実施する。

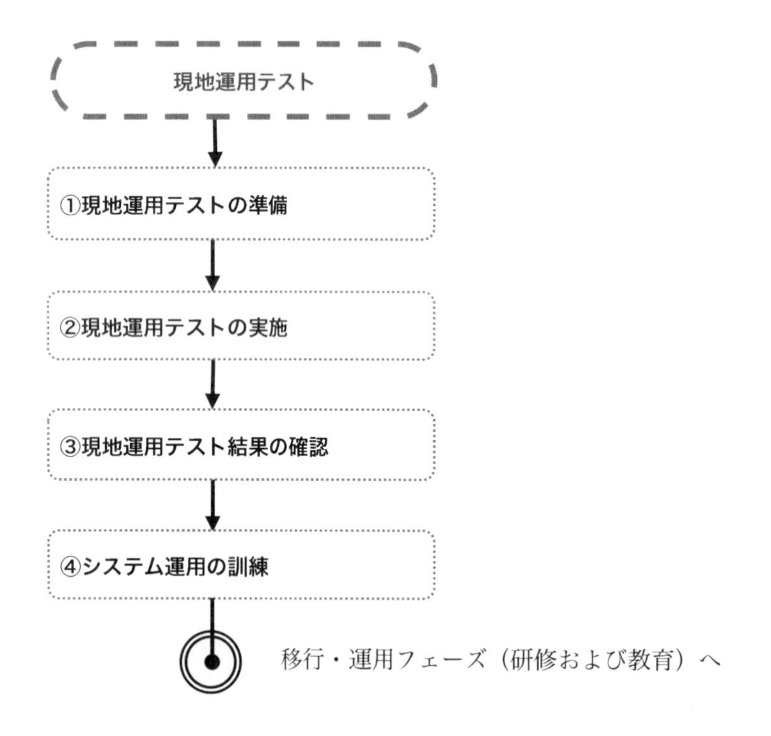

(3) 研修及び教育

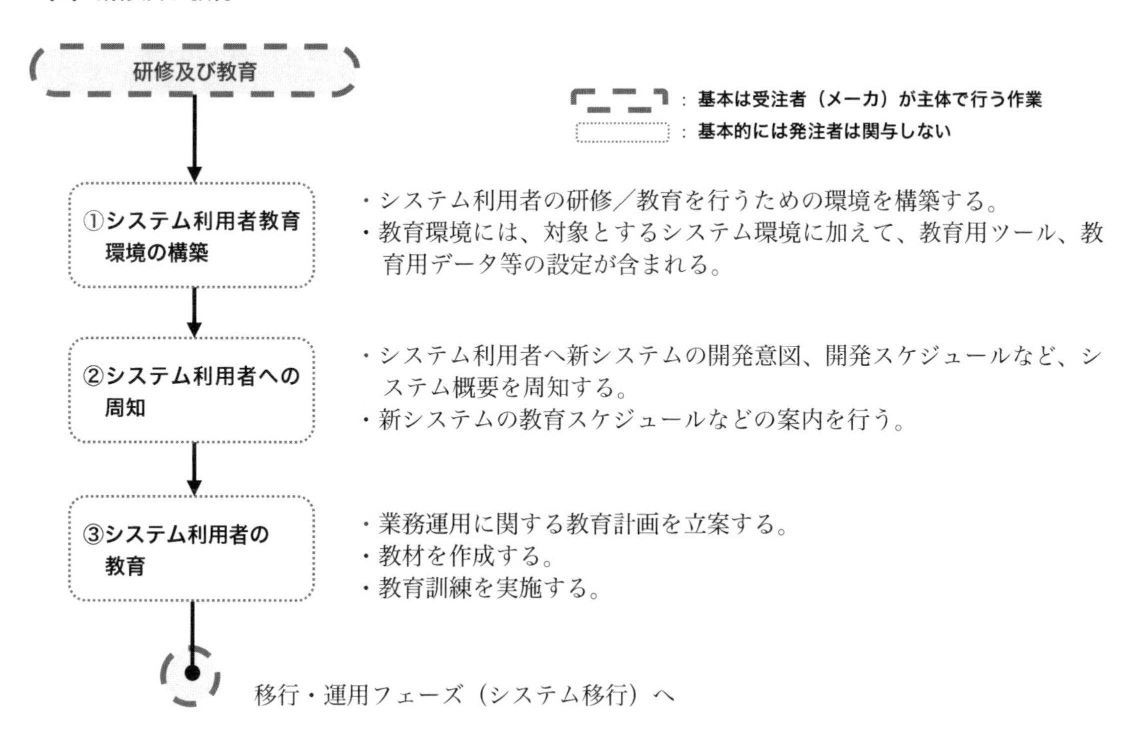
研修及び教育
：基本は受注者（メーカ）が主体で行う作業
：基本的には発注者は関与しない
①システム利用者教育環境の構築
・システム利用者の研修／教育を行うための環境を構築する。
・教育環境には、対象とするシステム環境に加えて、教育用ツール、教育用データ等の設定が含まれる。
②システム利用者への周知
・システム利用者へ新システムの開発意図、開発スケジュールなど、システム概要を周知する。
・新システムの教育スケジュールなどの案内を行う。
③システム利用者の教育
・業務運用に関する教育計画を立案する。
・教材を作成する。
・教育訓練を実施する。
移行・運用フェーズ（システム移行）へ

(4) システム移行

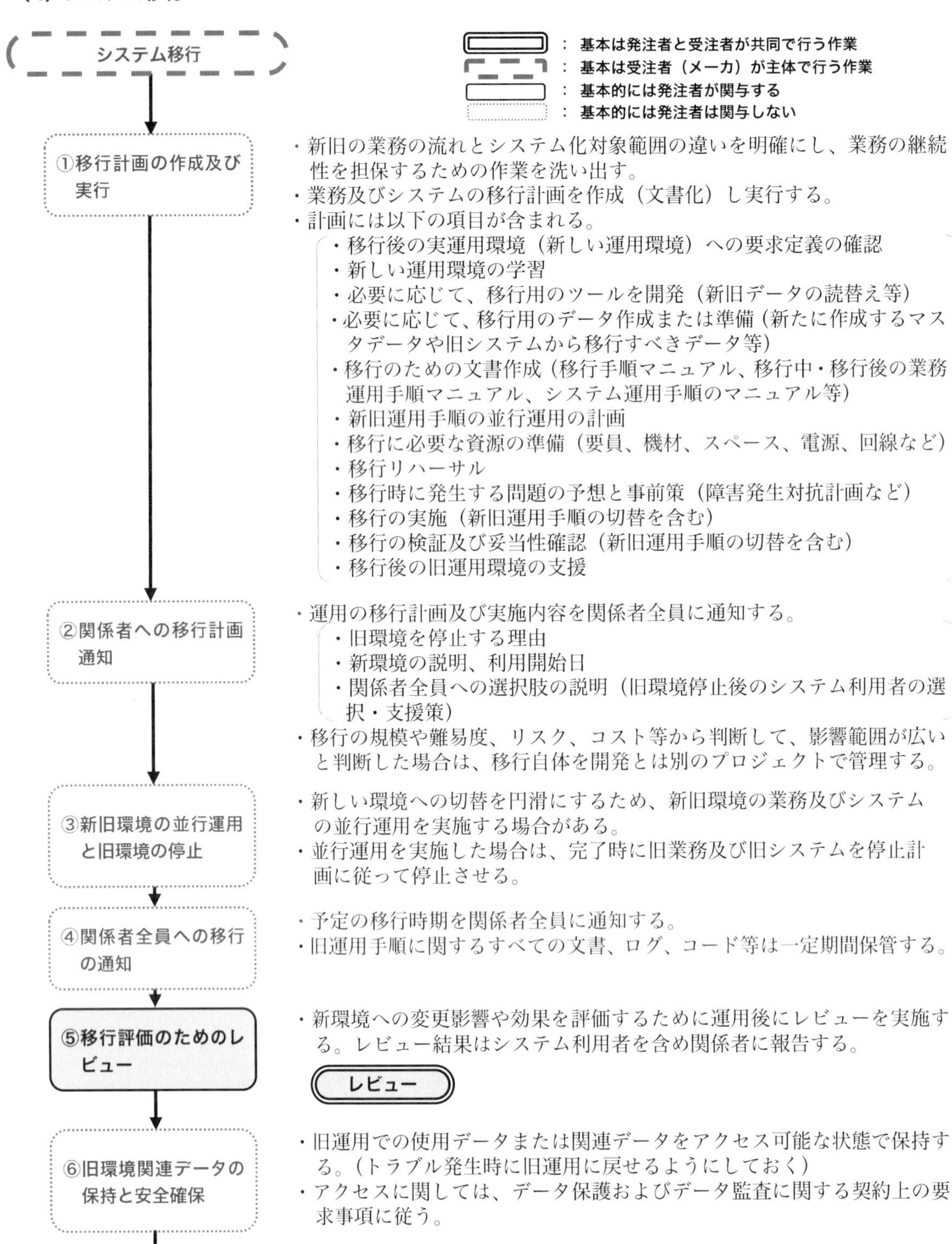
システム移行
：基本は発注者と受注者が共同で行う作業
：基本は受注者（メーカ）が主体で行う作業
：基本的には発注者が関与する
：基本的には発注者は関与しない
①移行計画の作成及び実行
・新旧の業務の流れとシステム化対象範囲の違いを明確にし、業務の継続性を担保するための作業を洗い出す。
・業務及びシステムの移行計画を作成（文書化）し実行する。
・計画には以下の項目が含まれる。
・移行後の実運用環境（新しい運用環境）への要求定義の確認
・新しい運用環境の学習
・必要に応じて、移行用のツールを開発（新旧データの読替え等）
・必要に応じて、移行用のデータ作成または準備（新たに作成するマスタデータや旧システムから移行すべきデータ等）
・移行のための文書作成（移行手順マニュアル、移行中・移行後の業務運用手順マニュアル、システム運用手順のマニュアル等）
・新旧運用手順の並行運用の計画
・移行に必要な資源の準備（要員、機材、スペース、電源、回線など）
・移行リハーサル
・移行時に発生する問題の予想と事前策（障害発生対抗計画など）
・移行の実施（新旧運用手順の切替を含む）
・移行の検証及び妥当性確認（新旧運用手順の切替を含む）
・移行後の旧運用環境の支援
②関係者への移行計画通知
・運用の移行計画及び実施内容を関係者全員に通知する。
・旧環境を停止する理由
・新環境の説明、利用開始日
・関係者全員への選択肢の説明（旧環境停止後のシステム利用者の選択・支援策）
・移行の規模や難易度、リスク、コスト等から判断して、影響範囲が広いと判断した場合は、移行自体を開発とは別のプロジェクトで管理する。
③新旧環境の並行運用と旧環境の停止
・新しい環境への切替を円滑にするため、新旧環境の業務及びシステムの並行運用を実施する場合がある。
・並行運用を実施した場合は、完了時に旧業務及び旧システムを停止計画に従って停止させる。
④関係者全員への移行の通知
・予定の移行時期を関係者全員に通知する。
・旧運用手順に関するすべての文書、ログ、コード等は一定期間保管する。
⑤移行評価のためのレビュー
・新環境への変更影響や効果を評価するために運用後にレビューを実施する。レビュー結果はシステム利用者を含め関係者に報告する。
レビュー
⑥旧環境関連データの保持と安全確保
・旧運用での使用データまたは関連データをアクセス可能な状態で保持する。（トラブル発生時に旧運用に戻せるようにしておく）
・アクセスに関しては、データ保護およびデータ監査に関する契約上の要求事項に従う。
移行・運用フェーズ（システム仮運用）へ

(5) システムの仮運用

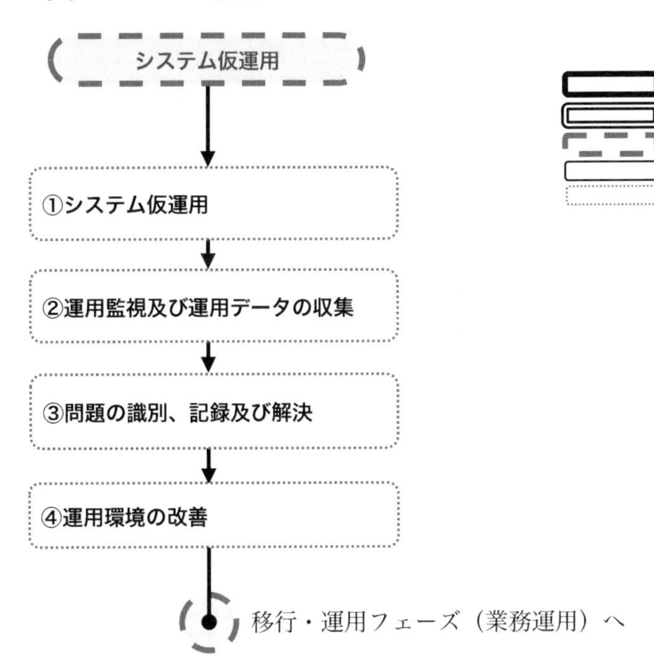

：基本は発注者が主体で行う作業
：基本は発注者と受注者が共同で行う作業
：基本は受注者（メーカ）が主体で行う作業
：基本的には発注者が関与する
：基本的には発注者は関与しない

(6) 業務運用

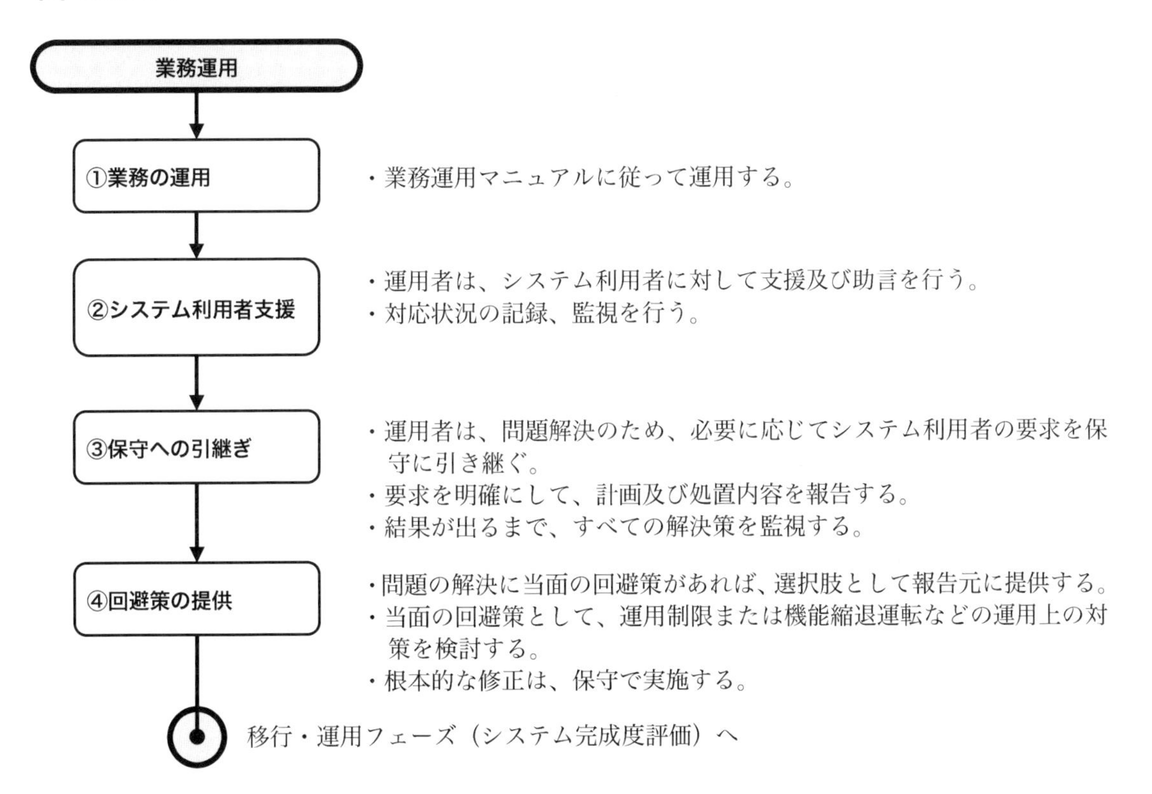

(7) システム完成度評価

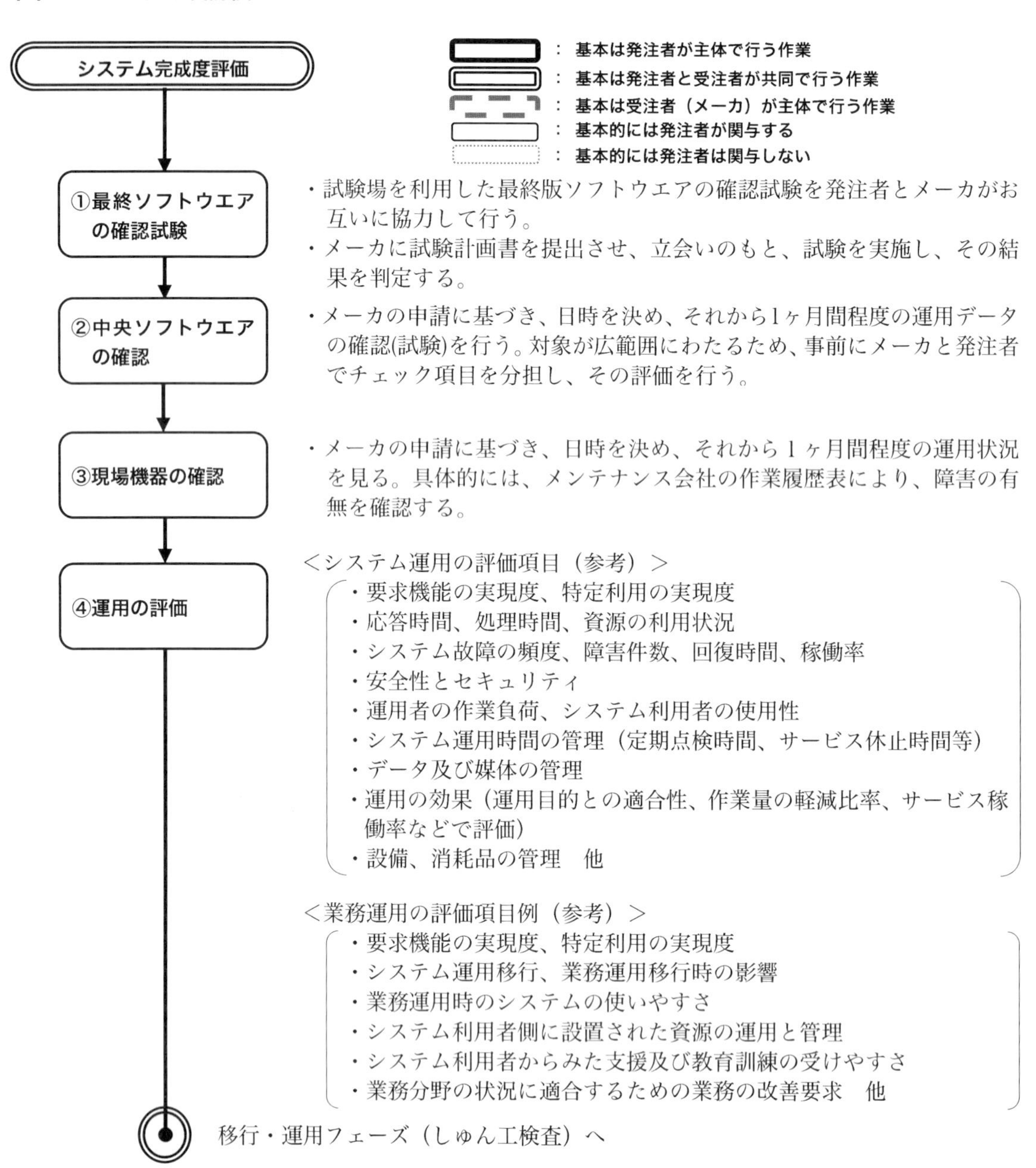

システム完成度評価
：基本は発注者が主体で行う作業
：基本は発注者と受注者が共同で行う作業
：基本は受注者（メーカ）が主体で行う作業
：基本的には発注者が関与する
：基本的には発注者は関与しない
①最終ソフトウエアの確認試験
・試験場を利用した最終版ソフトウエアの確認試験を発注者とメーカがお互いに協力して行う。
・メーカに試験計画書を提出させ、立会いのもと、試験を実施し、その結果を判定する。
②中央ソフトウエアの確認
・メーカの申請に基づき、日時を決め、それから1ヶ月間程度の運用データの確認(試験)を行う。対象が広範囲にわたるため、事前にメーカと発注者でチェック項目を分担し、その評価を行う。
③現場機器の確認
・メーカの申請に基づき、日時を決め、それから１ヶ月間程度の運用状況を見る。具体的には、メンテナンス会社の作業履歴表により、障害の有無を確認する。
④運用の評価
＜システム運用の評価項目（参考）＞
・要求機能の実現度、特定利用の実現度
・応答時間、処理時間、資源の利用状況
・システム故障の頻度、障害件数、回復時間、稼働率
・安全性とセキュリティ
・運用者の作業負荷、システム利用者の使用性
・システム運用時間の管理（定期点検時間、サービス休止時間等）
・データ及び媒体の管理
・運用の効果（運用目的との適合性、作業量の軽減比率、サービス稼働率などで評価）
・設備、消耗品の管理　他
＜業務運用の評価項目例（参考）＞
・要求機能の実現度、特定利用の実現度
・システム運用移行、業務運用移行時の影響
・業務運用時のシステムの使いやすさ
・システム利用者側に設置された資源の運用と管理
・システム利用者からみた支援及び教育訓練の受けやすさ
・業務分野の状況に適合するための業務の改善要求　他
移行・運用フェーズ（しゅん工検査）へ

(8) しゅん工検査

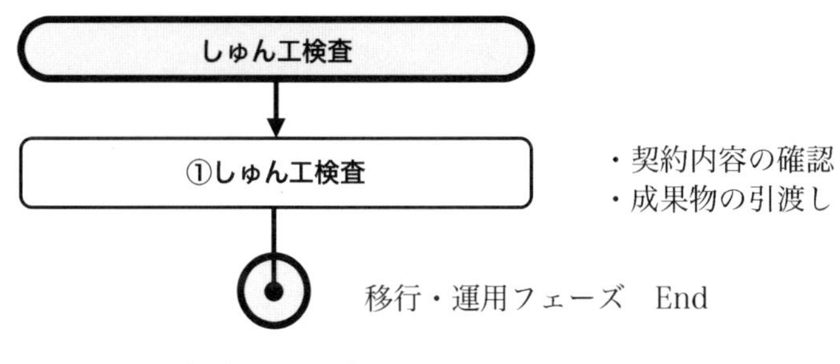

四十の関所

近頃、「四十の関所」という言葉が妙に引っかかる。司馬遼太郎の「風塵抄」の一節のタイトルである。一言でいうと、厄年といわれる体の面や管理職で示される社会的な面で大変な時期だということである。逆に、この四十代をどう過ごすかによって六十代、七十代の人生（顔をつくる）を決めるというものである。

昨年（平成四年十二月）竹山に引っ越したが、十年前とは比較にならないくらいに大変であった。荷物の量が違う。子供の学校のこともある。また、四人の親は病気がち、入院する機会もここ一、二年で発生した。

つい最近、指先がしびれ、首と肩が痛くなって医者に診てもらった。年ですねと言われた。人前で恥ずかしげもなく首を回したり、肩を回したりしている。

また、この年になると組織の中ではまた違った世界があり、心静かに生き抜くことは難しい。この頃、朝机の前で唱えているのが次の二つの言葉である。

四十にして惑わず

人知らずして慍らず

論語の中の一説であるが、身にしみるのである。もし、司馬遼太郎さんに会ったら、「四十代、ご苦労さん」と言われそうである。

（40 歳になったころのメモである）

2.2.2 移行と運用フェーズの成果物／ドキュメント

移行と運用フェーズのドキュメントは表2.4のとおりとする。

表2.4　移行と運用フェーズのドキュメント

成果物／ドキュメント	概要／目的	役割分担／成果提出		
		発注者	提出	メーカ
1) 搬入・据付工事計画書（試験場、現地）	指定された試験場または現地にシステム機器を搬入及び据付工事を行うための計画書である。	△	←	◎
2) ソフトウエア導入計画書（試験場、現地）	指定された試験場または現地にソフトウエアを導入（インストール）するための計画書である。	−	←	◎
3) ソフトウエア導入報告書（試験場、現地）	試験場および現地にソフトウエアを導入（インストール）し、動作確認テストの結果をまとめたものである。	△	←	◎
4) 運用テスト計画書（試験場、現地）	試験場及び現地での運用テスト計画書である。	△	←	◎
5) 運用テスト仕様書（試験場、(現地)）	試験場での運用テストを実施するための仕様書であり、要件定義フェーズの内容をもとに、利用者の視点でまとめたのが運用テスト仕様書である。(必要に応じて現地用を作成)	△	←	◎
6) 運用テスト報告書（試験場、(現地)）	試験場での運用テスト結果をまとめたものである。(必要に応じて現地用を作成)	△	←	◎
7) 研修・教育計画書	システム利用者教育のための教育計画書である。	△	←	◎
8) 研修・教育各種マニュアル	システム利用者文書等の教育マニュアル（使用教材を含む）である。	△	←	◎
9) システム移行計画書	システム移行のための計画・手順書である。	△	←	◎
10) システム移行報告書	システム移行を際の結果をまとめたものである。	△	←	◎
11) 業務運用作業手順書	業務運用マニュアルとしての業務運用作業手順である。	△	←	◎
12) 完成度評価判定	システム完成度を評価したものである。	△	←	◎
13) 運用監視記録	仮運用等のシステムの稼働状況を監視し、データを記録したものである。	△	←	◎
14) レビューの記録	レビューの記録として、議事録／指摘事項、確認事項一覧などである。	△	←	◎

◎：主体で作成、　○：必要に応じて作成、　△：支援、　−：基本作業なし　←：提出あり

2.2.3　移行と運用フェーズの参照規約

・ドキュメント作成規約（最新版）

ドキュメントを作成するためのフォーマット等を規定した作成規約である。

・用語・メッセージ規約（最新版）

ドキュメントやメッセージを作成するための用語を規定した規約である。

・成果物管理規約（最新版）

成果物を管理するための規約書である。

・その他規約（最新版）

その他、発注者で使用する技術基準等。

2.3　システムの障害から学ぶ

前に書いた「道路管理を支えるシステム」という本に引用したのが、“動かないコンピュータ撲滅のための１０か条”である。

表 2.5　動かないコンピュータ撲滅のための 10 か条

NO	10 か条
1	経営トップが先頭になってシステム導入の指導を取り、全社の理解を得ながら社員をプロジェクトに取り込む。
2	複数のシステム構築会社を比較し、最も自社の業務に精通している業者を選ぶ。
3	システム構築会社を下請け扱いにしたり、開発費をむやみに値切ったりしない。
4	自社のシステム構築に関する力を見極め、無理のない計画を立てる。
5	システム構築会社とやり取りする社内の責任者を明確に決める。
6	要件定義や設計などの上流工程に時間をかけ、要件の確定後はみだりに変更しない。システム構築会社とのやり取りは文書で確認しあう。
7	開発の進み具合を自社で把握できる力を身に付ける。
8	検収とテストに時間をかけ、安易に検収しない。
9	システムが稼働するまであきらめず、あらゆる手段を講じる。
10	システム構築会社と有償のアフタサービス契約を結び、保守体制を整える。

出典：日経コンピュータ編「システム障害はなぜ起きたか～みずほの教訓～」日経 BP 社 2002

この内容は、当方が経験上感じているものでもある。また、日経コンピュータから、“システム障害はなぜ二度起きたか”も出版されている。この本はぜひ読んでもらいたい。

上記の 10 項目のいくつか取り上げ、述べてみたい。

(1) 入札の課題

今、道路管理者の姿を見ると、入札制度の問題が、第一に大きい。ここで取り上げているNO3、NO2の課題に直結する。

前にも記したが、1999年から始まった半値八掛けの入札実態は、20年になろうとしている。最近、さすがに発注者側も疑問視し始めたようだが、実際にはもろ手を挙げて受け入れた20年であった。勝手に受注価格を下げたのであるから発注者側には責任がないと。

公団の時代、いわゆる官公庁の立場の時は、最低価格という縛りもあった。これもいつの間にか、無くなったようだ。他の官庁の例では、最低価格で応札するメーカが多くなり、くじ引き等で決めるという。なんという嘆かわしい姿か！

民間会社であれば、コストも大事だが、前記の表2.5でいうNO2の視点、自社の業務に一番精通している点で評価するとか、新たな技術提案の評価とか、複数の比較項目で整理し、最適のメーカを決める。民間企業では、基本的には力のある企業、将来とも一緒にやっていける企業かどうかを問う。コストも大きな要素ではあるが、一時しのぎの判断はしない。

このような入札制度が続く中で何が起きているか。メーカは、入札価格に見合う下請け会社を使うことになる。そのシステムをどこまで熟知した会社であろうか。だからこそ、発注仕様書とおりに作るのである。

(2) 10か条のNO1：トップの理解

入札の際、本来随意契約にあるべき件名が、最後の段階で、役員の一言“これは公開入札できないのかな？”という一言で、覆った事例もある。軽い気持ちで発言された不注意そのものの役員の発言、道路関係者の世界では、土木系と事務系の役員がほとんどであり、CIOもいない。そういう会社では今でもこのようなことが発生していることと想定される。この時、顧客を長年支えてきたメーカが発注者への強い不信感を持った。

トップだけではない。システム更新の随意契約直前で公開入札に変更、低価格で入札した会社は、システム更新の内容など理解できない。ではどうしたか、発注者が、随意契約予定会社に、以前のシステム仕様書等を見せないとお宅の今後はありませんと。今なら、大きな問題・話題となるであろう。

(3) NO4　無理のない計画を立てる。

この問題は、官民の区別なく多発している事柄である。ほとんどが発注者側知識のなさが理由である。民間会社でも、システム部門の課題をトップが理解できないときは発生する。

道路管理者の世界でも、今の半値八掛けの延長線上では多発してゆくであろう。一昔前は、受注メーカは社運を賭けて納期を守ってきた。その姿勢は薄れた。半値八掛けでは十分な議論もできないし、優秀な人材の確保も難しい。

欧州では、だいぶ前から公開（全面的競争）入札になっており、その結果として、仕様変更が多く、そのためにコストアップとなり、納期が守られないという状態が続いて久しい。

(4) 検収とテストに時間をかけ、安易に検収しない。

2.2 項で述べたように、非常時対応システムは特にシステム試験が重要である。非常時の状況をつくるのが難しい。現場からの情報をできるだけあげ、そのうえで様々な検証を行う。

ミスをしたとき、通常では想定できないような二重、三重のミスが重なったとき等、メーカも大変、検収するのも大変だが、システム運用後の障害を考えたらまだいい。

(5) 有償のアフタサービス契約を結ぶ。

道路管理会社によっては、いまだにシステム納入後、保守契約を結ばないところがあるようだ。車でも、今は５年間のアフタサービス契約を結ぶ時代であるのに。

技術の継承の難しさ

ある分野の技術をどうやって身に付けるか？　一番いいのは、その仕事が初めての時に担当することである。事例がないことで、先生も少なく苦労するであろうが、自らいろいろと検討でき、技術が身に付く。

たとえば、大学を卒業して、配属した部署が、ちょうど絶頂期の時であったらどうなるか？新入社員は、とにかく、顧客にシステムを作り、納品する多くの仕事の一部を担当することになる。考える要素はなく、ひたすらマニュアルに沿って作業を進める。もしこれが数年間続いたらどうなるか？　新人のフレッシュな頭は、何も考えない頭になって、新たなテーマが与えられたら苦しむことになる。

ほとんどの場合、ゼロからスタートするという機会は少なく、システムの更新の機会に参加することが多い。この時も、初めてシステムを更新した人が身近にいる場合はいい。しかし、そうでないときに、システムの本質やノウハウをどこまで身に付けることができるか？難しい。それでも、システムを納入し、障害等があったときに、真剣に考え検討することにより、技術は身に付く。また、同じ仕事を何度かやれる人は身に付く。

官のように２年や３年で異動することが当たり前の組織に配属された人はどのように技術を身に付けるか？　受注側の技術者と一緒になって検討できる人は成長する。そうでない人は、マニュアルに沿って、先輩のアドバイスに従って仕事をこなすことになる。仕事をこなすのであって、技術が身に付くかどうかはわからない。そのような制度の下では、何とかして数年間は同じシステムを担当し、技術を身に付けるしかない。

優秀な大学を卒業した新人というが、新人の能力は、入社して、どのような仕事を、どのような意識でしてきたか、それによって決まっていく。どのような仕事にも、様々な課題があり、それをどう理解して解決していくか。その一つ一つの歩みがその社員の能力を決める。

第３章　今後の展望

本章では、第１章や第２章で述べたことを、この40年間で進歩した技術としてまとめ、さらに今後、期待する新たな流れとして、自動運転技術の進展を踏まえた展望について触れたい。

1　この40年間での改善事項

(1) 判決文で指摘された内容の現況

日本坂トンネル火災事故発生12年後の判決文で指摘された内容とその後の対応について次の表に示す。

表3.1　判決文で指摘された内容とその後の対応

	裁判所からの指摘事項	課　題	その後の対応
1	消防署に対する情報提供の不足及び遅延	現場へ近づくことが可能な消防署すべてに早く支援を請う	運用体制の改善（交通運用と施設運用を一体化）
2	水噴霧装置の作動開始の遅延及び事故原因者又は通行者による初期消火手段の不存在ないしは機能の不完全	トンネル内火災状況の早期把握（早期の火災認知）	CCTVカラー化、100m設置、同時に300m監視システムの高度化
			CCTV画像処理により、交通流の異常を検知
		水噴霧装置の作動の遅延	操作卓等の改善により、火災確認後速やかに操作可能（都市高速）
			NEXCOでは火災検知器動作に連動
		泡消火栓の使い方がわからない	収容箱の改善、機器の改善
3	後続車両の運転者に対する情報提供の不十分及び遅延並びに警告力の不十分	情報提供の不十分	トンネル警報板、信号機等で情報提示
		情報提供の遅延	運用体制の改善
			交通流異常検出装置によりいち早く異常検出
		警告力の不十分	信号機や警報板、物理的通行止め機の設置

消防署への連絡体制については、委員会資料を見る限り、別途検討する形になっている。実際には、交通状況（トンネル内渋滞の有無）や緊急時の入路と消防署の位置との関係等によって対応は変わる。これも、事前の打合せと訓練が何処まで実施されているかに帰す。

トンネル内火災状況の把握、これは大きな課題である。委員会では、CCTVが煙で見えなくなる事態を想定したか。モンブラントンネルで採用された光ファイバ温度検出システムは、CCTVが使えないときに避難ルートや火災地点から離れた場所の温度分布により現場状況を推測する手段になり得る。火災発生後2〜3分でCCTVが煙に覆われたら、避難誘導のアナウンスができるか、まだ課題は残る。

(2) システム三要素での比較

システムの要素、ソフトウエア、ハードウエア、運用体制という三つの要素について、40 年前と比較してみる。

表 3.2　システム要素の変化

	1979 年の姿	2019 年の姿
ソフトウエア	CRT 画面の作成が難しい	きわめて容易
	関係者が PC を使うことに未だ慣れていない	皆が PC を使っている
	マンマシンの設計を十分に検討	PC で制御操作まで容易に可能。しかし、マンマシンの在り方を十分に検討したか疑問
	遠方監視制御技術の応用が基本（その上でコンピュータを使う）	遠方監視制御技術の内容がどこまで理解されているか疑問
ハードウエア	コンピュータシステム採用初期、高価	信頼度の高い 2 重化システム実現
	CCTV は白黒、画像伝送速度遅い	CCTV はカラー、高速伝送網の構築
	火災検知器の誤報が多い	火災検知器の高度化（誤報はある）
		CCTV 画像処理により交通流異常の検出
	煙で CCTV 使えないとトンネル内全状況全く推定不可	光ファイバ温度センサにより、トンネル内状況の推定が多少可能となる
運用・体制	交通管制と施設管制、運用の分離	交通管制室に、2 つのシステムのマンマシンが並ぶ
	運用の一体化が課題であった	運用は連携を基本とする
		システム設計者が運用者の意向を十分に把握・反映しているかは不明
	消防への連絡が不十分	事前に検討会実施

表 3.1 で示した、手間取った火災確認作業は、交通流の異常検出システムの整備で格段に早く、また容易に火災判断が可能になった。ソフトウエアとハードウエアの技術進歩は素晴らしいものがある。

運用体制についても、40 年前のようなことはなく、運用の一体化への検討や具現化はされている。ただし、交通管制の運用者に対してトンネル機器の制御の在り方を十分に説明し、その最適化が実現されているのかは不明である。

表 3.2 の中で、マンマシンの設計を十分に検討したか疑問、遠方監視制御技術の内容がどこまで理解されているのか疑問とあるのは、近年、道路管理者の方と一緒に障害事象についてメーカの技術者にヒアリングを行い、その時に感じたことにある。

それは、非常時におけるマンマシンの在り方について、どこまで検討したのか非常に疑問に思ったこと。また、遠方監視制御の基本、2 挙動方式という言葉も理解されているのか疑問に思った。さらには、1980 年の検討で必須機能とした非常時のシミュレーション機能（当時は模擬制御といっていた）が設けられていなかったこと等、トンネル防災システムの基本事項が考慮されていないということである。

これらのことが、この本を作成するきっかけとなった。発注者側が本質的な事項を発注仕様書に示していなかったのか、メーカはシステムの本質を考えもせず発注仕様書の表面的な事項にのみ注目し構築したのかであろう。これが最近のシステム構築の実態ではないかと不安を覚え、あえて、このような基本的なことを記述したのである。

(3) トンネル防災 SE としての取り組み

筆者が SE として取り組んだ 40 年近くの活動を示す。

①日本坂トンネル火災事故後のシステム構築 [(1)]

1979 年の日本坂トンネル火災事故、この分析とともにトンネル防災システムはどうあったらいいのか、その検討が、道路システムの仕事を始めたきっかけである。この時の分析や基本検討の一部が第２章の内容である。この後、そしてシステム設計・構築をし、その内容をまとめている。

②道路トンネルと鉄道トンネルの安全に関する第一回国際シンポジューム

1992 年にスイスのバーゼルで開催された上記シンポジュームには、1980 年にシステム構築した内容を紹介した。また、その時点で関心を持って技術進展の期待をしていた交通流異常検出のセンサについて、また光ファイバセンサの紹介をした。[(2)]

交通流異常検出システムは、トンネル内 CCTV 映像を画像処理するもので、その頃阪神公団阿波座カーブで試験運用されていたものである。その技術の延長上に、交通流の異常をいち早く検出するシステムが火災検知器以上に貢献すると思われた。当時、世界的に映像解析技術がスタートした時でもあり、関心を集めた。その後、その技術は首都高速道路の中央環状線で実用化されている。

光ファイバを使ったトンネル内温度センサの開発についてもこのシンポジュームで紹介した。

これには次のような経緯がある。1980 年代半ば、新聞に日本鉱業株式会社（当時）が英国のヨーク社から「光ファイバ温度計測システム」を販売する権利を得たという記事があり、さっそくいろいろとお聞きした。このシステムはプラント等の設備の温度計測を光ファイバで行うものであった。光ファイバを樹脂で被覆しているものであったが、それを鋼管にして、温度変化を早く検出できないか検討を依頼した。その試作と実験データから火災検出に使えることがわかり、煙で CCTV が使えなくなっても温度状況によりトンネル内部状況を推定できること等のメリットがあることから、首都高速道路の委員会にも取り上げてもらった。委員会では、日本のケーブルメーカ数社も参加した。

この光ファイバの温度センサは、モンブラントンネルの改修の際に、新たに設備された。フランスの新たな指針にも採用すべきことが記載されている。(P60) 首都高速道路では中央環状線の工事の際に提案したが不採用であった。

このシンポジュームで当方の発表について、火災検知器については懐疑的な意見が、水噴霧についても意味があるのかというような意見があった。会議後、わかったのは、オランダ（山はないが運河の下を通るトンネルが多い）のトンネルで、水が燃えたオイルを押し流し、火災を大きく延焼させた事例があり、その後水噴霧については否定的である。しかし、1999 年の事故後の欧州技術委員会の中間報告では、再度検証すると言っている。また、身近な事例から、水噴霧は雰囲気温度を下げ消火活動を助けると聞いている。火災検知器についても、そんな投資をする意味があるのかという感触であったが、1999 年以降は見直されている。

③欧州の火災事故後の国際シンポジューム

1999 年にモンブラントンネル火災事故、タウエルントンネル火災事故が発生したこともあり、このシンポジュームでは、システムには信頼性という考え方が重要であることを中心に述べた。また車外の避難者へ音声で情報を伝えるシステム研究についても紹介した。[3]

この論文は、翌年雑誌 Tunnel Management International （June 2000）にも紹介された。誤り率の低減と見逃し率の低減という信頼性に注目したシステム論が評価されたのである。この内容は、1980 年のシステム構築の際に検討したものである。

トンネル内での拡声放送システムについては、首都高速道路で実用化されたようである。

シンポジュームへの参加は、この年の 2 つの大きな事故に関する情報を集める目的もあったが、微妙な情勢なのか新たな情報は得られなかった。

図 3.1　光ファイバ温度計測システムによるトンネル内温度分布

④その後の国際シンポジューム

2003年には、3大事故後の欧州の研究動向調査も兼ね、国際会議に参加した。このときは、今までの検討してきた設計の考え方や運用の在り方について報告した。[(4)]

オプショナルツアーで、改修後のモンブラントンネルを見学した。トンネルには、図3.1にあるように光ファイバ温度計測システムが導入されていた。(火災検出機能もある)

2005年、台湾でトンネル国際会議があるということで、2003年の論文を一般化するように見直して発表した。[(5)]

1992年から始まった国際会議は、非常に勉強になった。世界の技術者が議論する場である。日本からは、機械系の換気制御技術者とシステム技術者、道路管理関係者が参加した。

千代田コンサルタントの太田様（当時）には、シンポジューム後に、オランダ等のトンネル見学や関係者との意見交換の場を設定していただき、目を開かせていただいた。

2　今後期待する新たな流れ

第１章で述べているが、トンネルは平場の道路よりも事故発生率が低く安全である。ただし、火災事故があった場合は、極めてまれなことではあるが大規模で破滅的な事故に至る場合がある。

モンブラントンネル事故後、フレジウストンネルでは、次のような規制が実施されている。

・トラック等の重量車両は、一方向に毎時220台しか通行が許可されない。

・トラックは70㎞/hを超える速度での走行禁止。

・走行中は、150m以上の車間距離、停車中でも最小車間距離は100m。

・車齢が、10年を超えるトラックは走行不可。

この本で述べているのはリスク管理である。大型車両を含む火災事故における惨事をどのように防ぐかを議論している。都市内の20ｋｍを超える大深度地下トンネルを対象としたとき、どうリスクを想定するか。このリスク対象の大型車両の火災規模は30MWであり、火災発生後10分が避難に許される時間である。

料金制度の変更もあり、中央環状線を利用した大型車の通過交通量は、圏央道が供用されてから60%も減っている。[(6)]　今後、外郭環状線（大泉～東名間）が完成すればさらに減るであろう。しかし、ゼロにはならない。発生頻度がさらに低くなるということである。リスク対象であることには変わりがない。

2.1　近年急速に展開している自動運転技術

自動運転技術は、図3.2のような構想で進んでいる。慎重だった日本の動きも、世界の動向の中で大きく変わった。

また、前提となる自動運転の概要を表3.3に示す。自動車は、燃料エンジンから電気自動車へ大きく転換しようとしており、その時がまさに自動運転の実用化とも重なる。極めて大きな変換点であり、様々な検討が日本で、また世界で行われている。どの企業が、どの国がそのイニシアチブを握り走るか、し烈な競争状態にある。

日本でのターゲットは、2020年のオリンピックに合わせた実用化・パイロット事業であり、さらなる高度化を目指しながら2025年を市場展開の時期としている。

2020年までに

・高速道路での自動運転可能な自動車（「準自動パイロット」）の市場化

・限定区域（過疎地等）での無人運転移動サービス（レベル４のもの）

2025 年目途に

・高速道路での完全自動化運転システムの市場化

・高度安全運転支援システム（仮称）の普及

・物流での自動運転システムの導入普及

・限定地域での無人自動運転移動サービス（レベル４のもの）の全国普及

等を目指している。

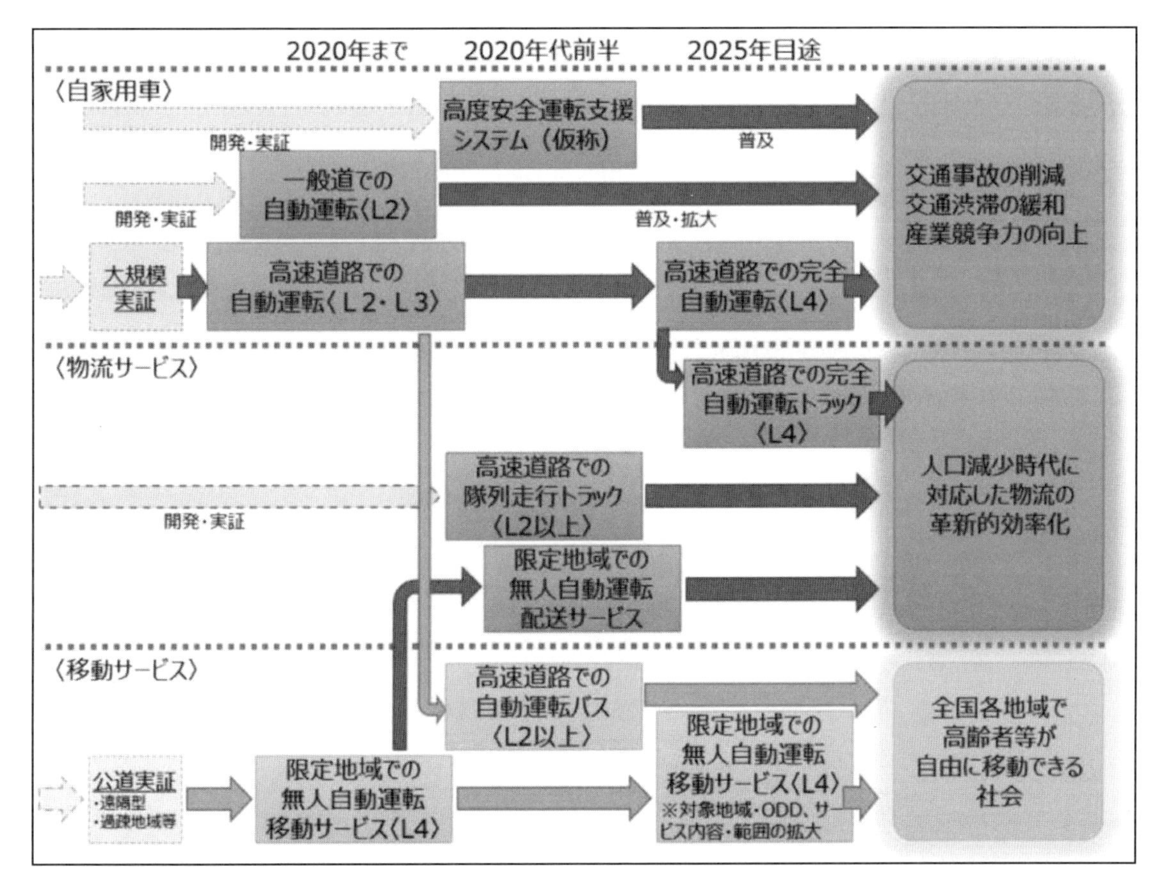

出典：「官民 ITS 構想・ロードマップ 2018（案）」、高度情報通信ネットワーク社会推進戦略本部（2018-06）
https://www.kantei.go.jp/jp/singi/it2/dai74/siryou2-2.pdf

図 3.2　2025 年完全自動運転を見据えた市場化・サービス実現のシナリオ

著者は、団塊の世代（昭和２２年から２４年生まれ）の周辺世代、レベル２か3で十分と考える。７５才から８５歳くらいまで、自分で車を運転したいからである。レベル４と5には関心ない。数年後には、リーズナブルなコストで実現していただきたい。

表 3.3　自動運転レベルの定義の概要

レベル	概　要	安全運転に係る監視、対応主体
運転者が全てあるいは一部の運転タスクを実施		
SAE レベル0 運転自動化なし	運転者が全ての運転タスクを実施	運転者
SAE レベル1 運転支援	システムが前後・左右のいずれかの車両制御に係る運転タスクのサブタスクを実施	運転者
SAE レベル2 部分運転自動化	システムが前後・左右の両方の車両制御に係る運転タスクのサブタスクを実施	運転者
自動運転システムが全ての運転タスクを実施		
SAE レベル3 条件付運転自動化	システムが全ての運転タスクを実施（限定領域内※） 作動継続が困難な場合の運転者は、システムの介入要求等に対して、適切に応答することが期待される	システム (作動継続が困難な場合は運転者)
SAE レベル4 高度運転自動化	システムが全ての運転タスクを実施（限定領域内※） 作動継続が困難な場合、利用者が応答することは期待されない	システム
SAE レベル5 完全運転自動化	システムが全ての運転タスクを実施（限定領域内※ではない） 作動継続が困難な場合、利用者が応答することは期待されない	システム

出典：「官民 ITS 構想・ロードマップ 2017」，高度情報通信ネットワーク社会推進戦略本部 (2017-05)
https://www.kantei.go.jp/jp/singi/it2/kettei/pdf/20170530/roadmap.pdf

2.2　渋滞の無い高速道路

渋滞による損失の内訳を見ると、40km/h 以下の範囲では、交通集中によるものが 65%、事故によるものが 21%、工事が 7%、その他 7%である。[(7)]

自動運転が進めば、この"事故による 21%の渋滞"が大きく減少することが想定される。しかし、交通集中による 65%の渋滞に対して、自動運転の技術をどのように生かすか？

これに対して、自動運転技術を応用して、道路容量をアップしたらどうかという提案がある。[(8)]

・短車間距離で隊列走行制御

・仮想車線による走行制御

これら対策でも、道路容量を超える交通需要があるときには、

・流入制限

を行うというものである。

確かに、車間距離 80m を 40m にして走ることができれば、道路容量は 70～80%アップとなる。

数年前にイギリスで、路肩を混雑時間帯に走行車線に変えるということが実施されているが、仮想車線は、路肩を使うのではなくて、今ある車線2車線を3車線に、3車線を4車線に使うという考え方である。交通容量は大幅に増える。

流入制限、これは都市内高速では、ある時間帯に行っているが、上記2つの容量増加でも、流入交通に

対して追いつかない時には、随時流入を抑えるという提案である。

これらの提案は、現在検討中の高精度の自動運転技術が進展することを前提としている。

また、この提案では、交通流を変えないで渋滞をなくすという提案である。あえて、そのような言葉を使っている。2000年に、ETCがスタートした時に、交通工学の場では、ETCの実現によってやっと本来の交通管制ができるという意見があった。ピーク交通の5〜7%のドライバが他ルートを選択できれば渋滞はなくなる。それを課金処理によって行うというものであった。しかし、20年近くなっても、そのような動きは全くない。課金処理によって渋滞をなくしてはいけないのであろうか。

2.3　交通事故による火災発生の防止

自動運転技術の実現に比べると、トンネル内で追突事故が発生しないようにACC機能を持たせることは現在(2018)でも可能である。新車の場合は、ACC機能を備える車が多いし、今後必須となるであろう。そうすると、欧州アルプストンネンルで実施しているような速度と車間距離を制限できる。

このACC機能のほか、衝突防止機能が備えられれば、事故による火災はなくなる。少なくとも大幅に軽減するであろう。この取り組みは、技術よりは制度や仕組みをどこまで作れるかということなのであろう。

トンネルの入り口に差し掛かった段階で、自動的にACC機能が設定されるようにできればいい。

ただし、交通事故等による出火原因は、車両火災の中で2.7%である。それよりも多いのは、排気管、放火、電気機器、放火の疑い、電気装置、たばこ等であり、それより少ないが10位までにあるのは、内燃機関、マッチ・ライター、配線器具である。[9]

これらの火災は、車そのもの改良とメンテナンスの充実、そしてドライバのモラル等による。

注記：ACC：Adaptive Cruise Control

参考文献

(1) 伊藤他，トンネル防災システム，National Technical Report Vol.30 p46-60 Apr.1984

(2) Ko ITO et al, Tunnel Supervision and Control System On Metropolitan Expressways, Safety in Road Rail Tunnels First International Conference Basel, Switzerland, November 1992

(3) Ko ITO et al, Tunnel Supervision and Control System Design and Future Prospects, Long Road Rail tunnels First International Conference Basel Switzerland,1999

(4) Ko ITO et al, A New Design of a Tunnel Supervision and Control System, Safety in Road and Rail Tunnels, Fifth International Conference Marseille, France, Oct.2003

(5) Ko ITO, A New Viewpoint of a Tunnel Supervision and Control System, International Symposium on Design, Construction and Operation of Long Tunnels, Taipei, Taiwan, Nov.2005

(6) 首都圏の新たな高速道路料金導入後の交通状況　東日本高速道路（株）、中日本高速道路（株）、首都高速道路（株）　高速道路と自動車　VOL.61　NO.8　P30～33
(7) 渋滞ワーストランキングのとりまとめ（平成27年度速報）国土交通省道路局　H28.4.28
(8) 自動運転が拓く新たな高速道路の交通管理　西田　泰　高速道路と自動車　VOL.60NO.11　P9~12
(9) 総務省消防庁　平成27年度火災概要より

素晴らしき上司

1979年の８月、提案書作成の仕事が与えられた。その内容は本文に記しているので触れない。

火災センサが問題だと言ったのであろう。上司の山本が鴫山様を紹介してくれた。人工衛星のセンサを作っていた方で、焦電型素子の権威の方であった。提案書提出までの３か月の間に、センサの試作をし、運動場で火を燃やし評価実験までやった。

このシステムは普段何もしないでいざというときにのみ働く、信頼性が問題と話していたら、産田様を紹介してくれた。この方も他の事業場の方で、数学屋さん。信頼性評価では、システム構成やセンサの配置による信頼度について定量的に評価してくれた。提案書も、非常に質の高いものになっていった。

システムづくりの時である。信頼性というキイワードの提案書が功を奏してシステム受注。その基本設計を、この人しかいないという方、服部様に指示され服部様により作成されていた。これはもう一人の上司大谷であった。

システム制作を始めるにあたって、ソフトウエアの担当、ハード設計の担当が決まり、当方含め３人が大谷に呼ばれた。この中で、顧客と一番接しているのは誰かという質問があり、それゆえ、伊藤がまとめ役をやるようにと指示があった。

大谷は、顧客に会い、役職にない者が主任技術者になることの了解をとりつけられた。

異動間もない、どこまでやれるかわからない人間に、提案書作成を指示されたこと。その途中、その課題解決に最適と思われる人を紹介してくれた上司。

後からわかったことであるが、ものづくりのプロセスに最適な方々をあてがって、遠くから見守ってくれた上司。

素晴らしい上司のもとに多くの秀でた方々に巡り合えた最初の仕事は、当方にとって宝のような仕事であった。

参考資料

ここで、交通管理運用について整理したい。交通管理の全体像を把握して、そのうえで施設管制の姿を定義していく必要がある。他の書物からの引用を含めて示す。

1　交通管理の運用とシステム

交通管理に関係する（交通管理を支える）システムは数多くある。それらが、交通管制システムと１つで呼ばれることが多いが、その時、数あるサブシステムが運用管理のために、連携されていることが重要である。運用支援という視点で、一貫した設計が行なわれているかということである。

以下に、道路管理と交通管理、施設管理という言葉について述べたい。

道路管理と交通管理の原点は、次に示す道路法 29 条であろう。

道路構造の原則

道路の構造は、当該道路の存する地域の地形、地質、気象その他の状況及び当該道路の交通状況を考慮し、通常の衝撃に対して安全なものであるとともに、安全かつ円滑な交通を確保することができるものでなければならない。

日本坂トンネル車両火災訴訟に関して、事故後 12 年目に判決されたが、その判決文の内容は、この道路法 29 条に照らして行われていた。道路管理への社会的な指摘（チェック）である。

トンネルの安全性の有無の判断基準（判決文より一部引用）

有料高速道路上のトンネル内において車両の衝突事故等に起因して火災が生じ後続の車両に延焼した場合に、後続車両の損害との関係において右トンネルが安全性を欠如していたかどうかは、トンネルの構造、交通量、通行する車両の種類、危険物の輸送状況に照らし、当該トンネル内において発生することの予見できる危険に対処するための物的設備・人的配備及びこれらの運営体制、消防及び救急の職務権限を有する消防署並びに道路上の交通規制等の職務権限を有する警察署等の他の機関に対する通知、これら機関との協力体制並びに高速道路利用者に対する当該危険が発生したことの通知・警告についての物的設備・人的配備等（以上をまとめて「トンネルの安全体制」という。）が、右危険を回避するために合理的かつ妥当なものであったかどうかに基づいて判断するのが相当である。

道路管理者は、道路構造の原則に示されるように、また裁判官による判断基準に示されるように、物理的道路の安全性のほか、事故発生時、火災発生時等様々な状況においても、利用者の安全を確保し、円滑な交通確保に努力する必要がある。

交通管理という言葉は、道路管理者の物理的道路管理を除いた（道路）交通の管理という視点で使われている。

1.1 交通管理 (1)

交通管理業務とは、安全かつ円滑な交通を阻害する事故などの異常事態を未然に防止し、一旦異常事態が発生した場合にはお客様へ情報を提供するとともに、速やかに安全かつ円滑な交通を回復させるために行われる種々の業務のことである。

① 交通管理巡回

・24 時間体制で定期又は臨時に道路を巡回し、気象や交通状況を把握し、交通管制室に通報する。また、高速走行する車両が行き交う中で道路上の落下物を排除するなど、安全かつ円滑な交通流の確保に努めている。

・異常事態の際には、現場に急行し、二次事故等を防止するために、交通規制などの安全確保措置を講じる。安全確保後は、警察が行う事後処理への協力、消防が行う消防活動への協力を行うなど、異常事態を早期に解消するために必要な措置を実施する。

・また、車両制限令等法令に違反している行為を発見した際には、注意、是正、指導等を実施する。

② 交通管制

・交通管制室では道路状況に関するすべての情報（交通管理隊、交通管制機器、道路点検車両等の維持管理車両、料金所又はお客様からの非常電話による通報等）を収集し、これをもとにお客様に対して道路情報板、ハイウエイラジオなどの手段を用いて情報を提供している。

・異常事態の発生の際には、交通管理隊、JH の管理事務所並びに警察、消防及び関係各機関等への連絡・通報・出動要請を行い、あわせて迅速かつ的確にお客様に情報を提供をし、二次事故等の発生防止に努めている。

③ 車両制限令違反車両等の取り締まり

・車両制限令違反車両は、道路やトンネル構造物を損傷するなどの悪影響があるため、厳重に取り締まる必要がある。

・全国に配備された専門の車（車両制限令違反車両取締隊）が、入口料金所や本線料金所等において、取り締まり機器を使用し、違反車両を特定の上、違反している車両に対して、車両の U ターンや積み荷の是正などの必要な措置を命じる。

注記

・交通管制

この資料での交通管制とは、情報提供システムのことを言っている。平常時、車両感知器等からのデータから、渋滞状況を計測し、旅行時間を算出し、様々な情報提供機器・システムによって利用者の方へ情報提供する。事故等発生時には、その事象（イベントと呼んでいる）を入力することによって、渋滞情報の原因を示すことも可能であるし、安全と円滑な交通をめざし、交通流の分散等の効果を期待し、情報提供する。この時の入力情報は、上記に示されているように、交通管理隊による情報のほか道路状況に関するすべての情報を扱う。

・交通管制室

以上のことから、交通管理を行う場所、情報集約・情報提供指示・安全対策指示等を行うところが交通管制室となる。交通管制システムというときに、狭義の内容である情報提供システムのことを言っているのか、交通管理のためのすべてのシステムのことを言っているのか、明確にして議論する必要がある。

そのような意味から、システム設計をするときに、交通管理のためのサブシステム（非常電話受付システム、管理用無線受付システム、CCTV 受信制御システム、音声制御システム、交通情報提供システム、トンネル防災システム、交通流異常検知システム等）は、一体となって運用されるように設計しないといけない。

具体的には、現場からの情報を受信したときに、事故であろうが、火災であろうが、それが入力されたならば、すべてのサブシステムへ通知する必要があるし、そのデータの下で、次の対応への準備がそれぞれのシステムでなされないといけない。

交通流異常検出システムからの事故等の連絡は、交通情報提供システムにも、トンネル防災システムにも入力されないといけない。事故か火災かの認知操作は、どこか一つの操作で行われたらよく、その結果はすべてのサブシステムで共有されないといけない。

以上の考え方に立つと、地震が発生していないのに「地震発生しました」という音声制御が出力されるのは、基本的におかしいのである。そのような操作がメンテ員のミスによるものにしろ、出力されることがおかしい。

1.2　施設管理

受配電設備や自家発電設備、道路照明設備、トンネル内安全施設（トンネル照明、トンネル換気、トンネル非常用設備)、気象設備、料金収受設備、交通情報提供設備、交通量計測設備等、高速道上には様々なシステムがある。

この中で、受配電システムは、施設管制システムと称し、24 時間 365 日の運用体制で管理されている。交通管理という枠内にはないが、停電による様々な障害への対応もあり、そのような運用体制を構築している。

狭義の交通管制システム、交通情報提供システムは、多くの端末設備、中央設備がある。これらの設備は、当然ながら交通管理とは別に管理されている。施設管制システムとは別に管理されている。

料金収受（ＥＴＣ）システムも、単独に、24時間365日体制で管理されている。

このように、障害時の影響を考慮した時、その体制の在り方が問われ、運用と保守の体制が構築されている。

道路管理者は、受配電設備等とトンネル防災システムを含めて、施設管制システムと一つの呼称で呼んでいる。また、発注構築も一つにした。しかし、交通管理と違い、システム施設管理は、道路利用者への直接的対応はない。少ないというのが正確か。問題は、トンネル火災時である。前にも述べたが、トンネル火災時は、事故時以上に交通管理上の責務を問われるわけで、その運用制御は、交通管理の下で行われる。それゆえ、トンネル防災システムの監視制御操作卓は、交通管制室に必須なのである。

トンネル防災システム等は、トンネル安全施設ということで、建設省（現国土交通省）の基準となっているが、それはあくまで安全対策の１つとしてトンネル非常用施設の設置基準(2)として位置づけられたものである。その管理・運用（つまりシステム）は何ら規制されていない。

1980年以前は、トンネル設備は遠方監視制御システムの監視制御項目の１つになっていた。それで、受配電設備の監視制御と一緒に監視制御された。そのような経緯のものであった。

道路管理者では、日本坂トンネル火災事故を契機に、トンネル防災システムを見直して、交通管制室にも監視制御卓を設けたのである。(制御権は、施設管制システム側に置くというような時期もあったが)

今は、交通管制室に、施設管制操作卓もある。運用が１つになることで、とてもいいことである。ただし、トンネル防災システムを除いて、交通管理のためのシステムと施設管理のためのシステムをあえて１つの部屋に設置する理由は特にない。

参考文献

(1) 高速道路の交通技術　（財）高速道路技術センター　平成15年（2003）

(2) 高速道路　交通管制技術ハンドブック　電気書院　2017.4（平成29年）

2　トンネル監視制御システムの特徴

このシステムは、トンネル事故への対応が最大の課題となる。その具体的場面を想定し、システムに求められる事項を整理する。

(1) 監視と制御（運用）

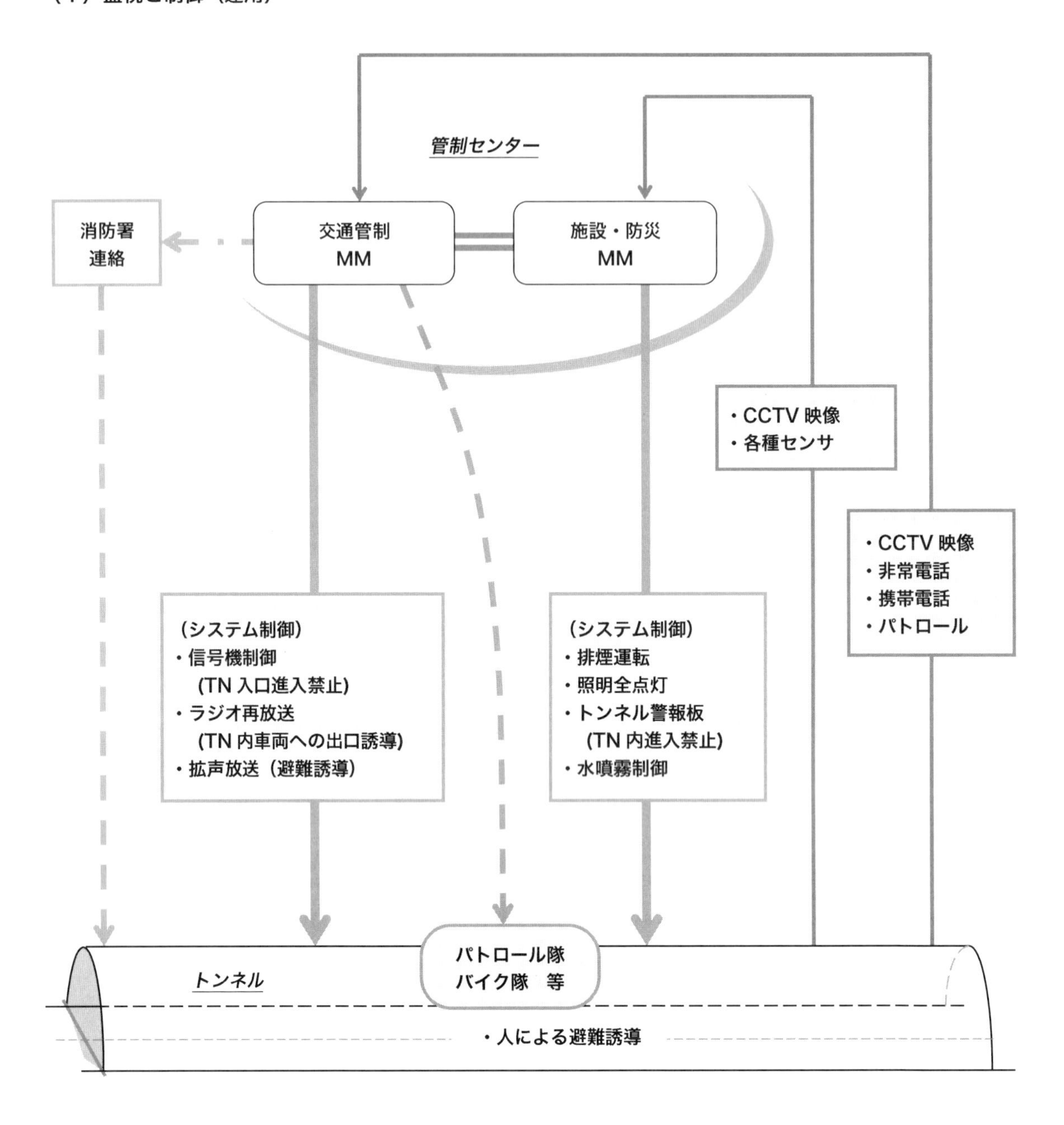

図 参考.1　トンネル火災時に管制センターが行うべき運用

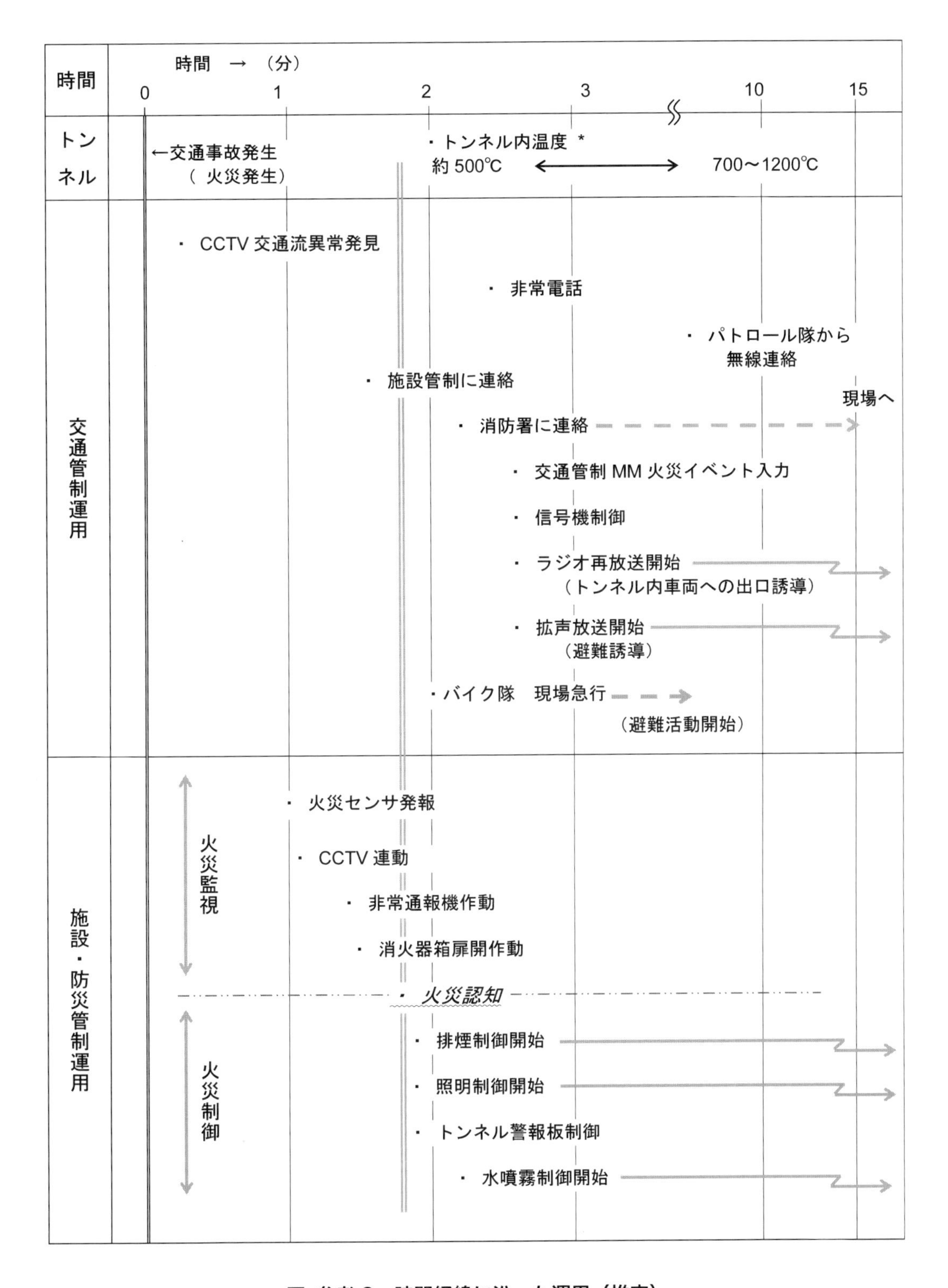

図 参考.2 時間経緯に沿った運用（推定）

2つの図は、トンネル内での大型車を含む火災事故を想定している。

(2) 運用とシステム

火災と判断した段階で、車のトンネルへの進入を止め、トンネルからの退出を促進し、初期の火災抑制や避難を誘導する。これらの運用は、交通管制の運用と施設防災（実際には防災システム）の運用が協力して行う。

(3) システムの信頼性

トンネル防災系サーバは、常用待機系で運用されており、ハード上の課題は少ないと思われる。火災発生時、防災訓練のレベルと全く異なったレベルの事象が発生し、想定外の処理や負荷により停止する、ソフトバグに遭遇し停止するということが最悪の事態である。

トンネル火災時、図 参考.1 に示したように交通管制系の運用者と施設防災系運用者の協力によって初期制御が行われる。的確な避難誘導と早期の水噴霧等、時間との勝負であり、日頃の訓練が左右する。このような高度な判断や現場状況の熟知が前提となる運用で、運用体制をどう考えていくか。運用体制の在り方とそれに合致したシステムの作り方が重要である。

(4) 非機能要求事項

以上の内容をまとめると次のようになる。

表 参考.1 トンネル監視制御システムの非機能要求

項番	大項目	要求事項の概要
1	可用性	24時間・365日運用、常用待機方式。 CSに障害が発生した場合、SLS等現場基地にて監視制御可能とする。
2	性能・拡張性	非常時には、通常時に比し、多大な負荷状態となる。たとえば、数倍から数十倍。 拡張性については、対象トンネルが決まっており、明確である。
3	運用・保守性	非常時の運用が最大の課題となる。現場を熟知した職員による運用が基本。その訓練も重要。中央設備はシンプルで、かつ保守性も高いことが望まれる。
4	移行性	現場の機器やシステムの在り方は明確であり、中央系の統合化の中で、検討する必要がある。
5	セキュリティ	外部との接点はなく、基本的に課題はない。
6	環境等	耐震性には高いレベルの対応が必要。

3　非機能要求グレード

非機能要求グレードという言葉がある。対象とするシステムは、社会的影響がどの程度大きいか定義することが求められる。一方、システムの構成は、常用待機系でRaid構成が当たり前の姿になっており、信頼性からいうと何が重要システムなのか、区別がつかない状況にあるのではないか。少し前、日本のシステムは過剰品質であるという指摘も出ていた。2000年問題から10年程、システム技術者には追い風が吹いた。信頼度が問題であると言えば、予算はかなり確保されてきたのではないか。

“重要インフラ情報システム信頼性研究会報告書”(*)には、様々の検討事例が紹介されている。その中で、飛行機の管制システムや新幹線の制御システムの重要性はわかりやすい。道路管理者が重要と評価している道路交通管制システムと比べてどうか？　ドライバが自由に走行する道路環境を安全・円滑にと管理しているが、飛行機や新幹線と同じようなレベルとは言えないであろう。

リスクを取り上げたのは、現在どれくらい信頼性が高いかという視点ではなく、社会的に、どのようなリスクを背負っているか、その上でシステムを見る必要性を感じたからからである。

参考文献

(＊) 重要インフラ情報システム信頼性研究会報告書　IPA　2009.4

あとがき

40年間、関心を持ってやってきたことをまとめてみた。

その内容は、システムエンジニアにとって、当然のように実施すべき検討事項であるし、素人が初めてトライした、また悩みながら検討した内容でもある。当方にとってゼロから検討する機会であり、それがラッキーであった。

また、本書の内容は顧客である道路管理者の中堅社員の方々や責任者の方に話してきた内容である。

その内容を、これからシステムを背負っていく技術者に伝えるためである。

あるとき、上司に“頭ではなく、熱意だよな！”と大きな声で言われ、憮然としたことがあったが、真実と思う。現場や顧客のことを考え、どうあるべきか検討する。考え抜く。これがすべてである。

40年間、いろいろな方々にお世話になった。心から感謝申し上げたい。

伊藤　功

索　引

── 著 者 略 歴 ──

伊藤 功（いとう こう）
1950年（昭和25年）生まれ。
1975年 松下電器産業㈱に入社。
1979年より社会システムの仕事に携わる。SEとして、都市内高速道路を中心にシステム検討を行う。
1999年から2年間ORSEに出向。
2004年 退社。
2005年 イトーコー技術事務所を設立。台湾のITS、ジャカルタの交通管制システムの検討。その後、都市内高速道路システムの検討を行い現在に至る。

日本機械学会永年会員、電気学会会員、交通工学研究会会員。
http://kohitoh.com/

道路トンネルの監視制御システム
－日本坂トンネル火災事故から40年の検討－

2019年 7月20日 第1版第1刷発行

著 者 伊(い) 藤(とう) 功(こう)
発行者 田 中 久 喜

発 行 所
株式会社 電 気 書 院
ホームページ www.denkishoin.co.jp
（振替口座 00190-5-18837）
〒101-0051 東京都千代田区神田神保町1-3ミヤタビル2F
電話（03）5259-9160／FAX（03）5259-9162

印刷 株式会社TOP印刷
Printed in Japan／ISBN 978-4-485-66552-7

• 落丁・乱丁の際は，送料弊社負担にてお取り替えいたします．
• 正誤のお問合せにつきましては，書名・版刷を明記の上，編集部宛に郵送・FAX（03-5259-9162）いただくか，当社ホームページの「お問い合わせ」をご利用ください．電話での質問はお受けできません．また，正誤以外の詳細な解説・受験指導は行っておりません．